# 餐桌上的养生野菜速查全书

曹 军 于雅婷 主编

健康养生堂编委会 编著

江苏凤凰科学技术出版社

# 健康养生堂编委会成员

# 野菜中的绿色生活

　　有人认为，蔬菜经历了人类几千甚至几万年的挑选、种植，而野菜则是被人类淘汰掉的食物。这种看法有些偏颇。近年来，野菜逐渐受到重视，被称为"无公害的蔬菜，防病治病的良药"，很多饭店都将野菜作为另类菜招引顾客。

天赐佳肴，养生佳品

　　一、绿色：所谓"野"菜，就是在山林田野中自生自灭没人管的"菜"。它们没有自来水浇灌、没有大棚挡风遮阳、没有农药的保护或化肥的催生，饱经风霜、倍受洗礼，生命力极强。因此，食用野菜比种植的蔬菜更能增强人的生命力。

　　二、营养：野菜大都含有丰富的蛋白质、碳水化合物、维生素、矿物质、植物纤维等营养成分。很多野菜的维生素含量比栽种的蔬菜高几倍甚至几十倍。

　　三、食疗：很多野菜都具有药用价值。俗话说"偏方治大病"，野菜如果食用得当、对症，都可作为偏方。比如，荠菜能清肝明目，可治疗肝炎、高血压等病；蒲公英可清热解毒，是糖尿病人的佳肴；苦菜可清热解毒，可治疗黄疸等病；野苋菜可治痢疾、肠炎、膀胱结石等病；蕨菜益气养阴，可用于高热神昏、筋骨疼痛、小便不利等病。

　　四、调剂：常年吃固定种类的蔬菜，往往让人生厌。野菜种类繁多，口味多样，可以把它们当成"换换口味"的调剂品，丰富人们的餐桌。

　　五、美容：因为含有抗氧化成分和丰富的营养，很多野菜有改善肤质、调节内分泌、促进代谢等功能，被用于制造化妆品。而与化妆品相比，很多人都认为，原汁原味的野菜更具天然美容效果。

　　六、健身：城市拥挤、空气质量差，很多人在周末远足郊游。背上行囊，约上朋友，游走于山间地头，在锻炼身体、呼吸新鲜空气的同时，随手采摘野菜，可谓一种不错的生活方式。

食用不当，适得其反

　　虽然好处多多，但很多人存在吃野菜的困惑：不认识、不敢吃、不会吃。吃野菜是有讲究的，不注意会适得其反。

　　一、吃法不同：有的野菜应在采摘后尽快食用，有的则需要晒干或水焯后才可食用。另外，也要根据野菜的特点选择不同的烹调方法。

二、适量食用：多数野菜都性凉致寒，易造成脾胃虚寒，吃多了可能导致不适，甚至过敏。因此，很多野菜不能像吃土豆、白菜那样天天吃、月月吃。

三、避免误食：野菜之所以被称之为"野"，也是因为很多野菜具有毒性。而且某些野菜的长相相似，容易让人误采误食。食后轻者胸闷、呕吐、腹胀腹泻，重者危及性命。

四、防止污染：在很多地方，如郊外化工厂、臭水沟、马路边等处的野菜容易受到污染，含有毒素。市内公园、休闲场所的大草坪也不是采野菜的场所。因为许多草坪会被喷洒除草剂。

## 本书特点

我们编写本书为了让读者认识、敢吃、会吃野菜。人们耳熟能详的野菜有鱼腥草、蕨菜、蒲公英、车前草、黄花菜等数十个品种。其实，全国的野菜品种成千上万，常见的营养价值高的有200多种。本书精心筛选出7大类野菜，详细介绍每种野菜的别名、分布、形态特征、食用方法及药用功效等。本书有如下特点：

一、常见野菜："常见"与"营养"是我们筛选野菜的重要标准。本书精选最常见、最具营养价值的野菜。每种野菜统一使用中文学名，并配有拉丁文名和各地的别名，方便读者认识、查找。

二、全彩图片：本书为每种野菜配备高清晰的彩色照片，细致描绘野菜各部位特征，以图鉴的形式展现，方便读者辨认、采摘。

三、食用方法：野菜营养丰富，但如果没有合适的料理手法，可能难以下咽。本书收录了关于野菜的现代吃法，并根据种类的不同提供具有针对性的烹饪方法，让你吃出新意，吃出健康。

四、食疗功能：作为一本美味与保健兼备的野菜图典，本书详细考证各种植物的药用疗效，为读者提供参考。

本书既是现代人认识、采摘野菜的指南，也是严谨的科普读物，兼具实用和鉴赏价值。我们可以按照书中的指引去田间寻觅野菜，也可以在遇到某种不认识的植物时，根据书中内容进行查询。

在本书的编辑过程中，我们得到了一些专家的鼎力支持，也有很多读者对本书的编写提出了宝贵意见，在此一并感谢。由于水平有限，书中难免存在差错，恳请广大读者批评指正。

注：书中计量单位换算：一钱=5克，一两=50克。

# 目录

## 第一章 茎叶类野菜

# 第二章 食花类野菜

# 第三章 根茎类野菜

# 第四章 果籽类野菜

# 第五章 幼苗类野菜

# 第六章 藻菇类野菜

# 第七章 其他类野菜

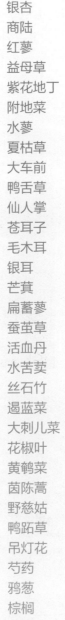

# 阅读导航

我们在此特别设置了阅读导航这一单元，对文中各个部门的功能、特点等作一说明，这将会大大地提高读者在阅读本书时的效率。

**主治功效**
详细介绍野菜的主治功效、适应病症。

**分布**
详细介绍了各种野菜的分布地点，方便读者采摘。

**食材推荐**
高清的图片，方便读者辨认、采摘，科学养生。

**食用方法**
简单易操作、营养又美味的食用方法，方便读者食用各种野菜。

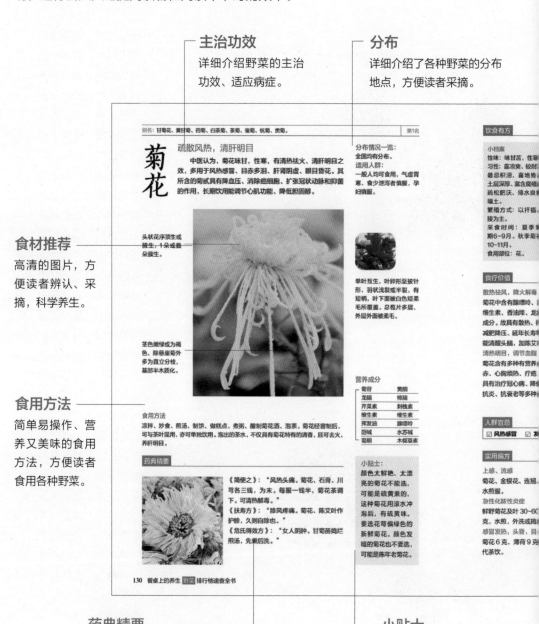

别名：甘菊花、黄甘菊、药菊、白茶菊、茶菊、毫菊、杭菊、贡菊。　　　　　第1名

## 菊花

### 疏散风热，清肝明目

中医认为，菊花味甘，性寒，有清热祛火、清肝明目之效，多用于风热感冒、目赤多泪、肝肾阴虚、眼目昏花。其所含的菊甙具有降血压、消除癌细胞、扩张冠状动脉和抑菌的作用，长期饮用能调节心肌功能、降低胆固醇。

头状花序顶生或腋生，1朵或数朵腋生。

茎色嫩绿或为褐色，除暴蕾菊外多为直立分枝，基部半木质化。

**食用方法**
凉拌、炒食、煎汤、制饼、做糕点、煮粥、酿制菊花酒、泡茶。菊花经窨制后，可与茶叶混用，亦可单独饮用。泡出的茶水，不仅具有菊花特有的清香，且可去火、养肝明目。

分布情况一览：
全国均有分布。
适用人群：
一般人均可食用，气虚胃寒、食少泄泻者慎服，孕妇慎服。

单叶互生，叶卵形至披针形，羽状浅裂或半裂，有短柄，叶下面被白色短柔毛所覆盖。总苞片多层，外层外面被柔毛。

**营养成分**

| | |
|---|---|
| 菊甙 | 黄酮 |
| 龙脑 | 樟脑 |
| 芹菜素 | 刺槐素 |
| 挥发油 | 维生素 |
| 胆碱 | 水苏碱 |
| 菊酮 | 木犀草素 |

**药典精要**

《简便之》："风热头痛。菊花、石膏、川芎各三钱，为末。每服一钱半，菊花茶调下。可清热解毒。"
《扶寿方》："膝风疼痛。菊花、陈艾叶作护膝，久则自除也。"
《危氏得效方》："女人阴肿。甘菊苗捣烂煎汤，先熏后洗。"

**小贴士**
颜色太鲜艳、太漂亮的菊花不能选，可能是硫黄熏的，这种菊花用滚水冲泡后，有硫黄味。要选花骨偏绿色的新鲜菊花。颜色发暗的菊花也不要选，可能是陈年老菊花。

**饮食有方**

**小档案**
性味：味目苦、性凉
习性：喜凉爽、较耐寒，最忌积涝，喜地势高，土层深厚、富含腐殖质疏松肥沃、排水良好的壤土。
繁殖方式：以扦插、接芽为主。
采食时间：夏季菊花期6-9月，秋季菊花期10-11月。
食用部位：花。

**食疗价值**
散热祛风，降火解毒
菊花中含有腺嘌呤、维生素、香油挥、龙脑成分。故具有散热、减肥降压、延年长寿。能清醒头脑，加陈艾作护膝。清肝明目，调节心血脉。菊花还含有多种有营养赤、心胸烦热、疔疮具有治疗冠心病、降低抗炎、抗衰老等多种功

**人群宜忌**
☑ 风热感冒

**实用偏方**
上感、流感
菊花、金银花、连翘，水煎服。
急性化脓性炎症
鲜菊花及叶约30-60克，水煎，外洗或捣敷。
感冒发热，头晕、目赤
菊花6克，薄荷9克代茶饮。

**药典精要**
根据史籍药典，为野菜的主治功效提供更有效可靠的依据。

**小贴士**
教你如何挑选、清洗野菜，介绍贮藏方法，让读者可以吃上高品质野菜。

130 餐桌上的养生 野菜 速查全书

## 饮食有方
最适宜的食谱搭配，让读者不仅吃出美味，更吃出健康。

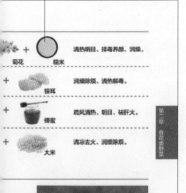

| | | |
|---|---|---|
| 菊花 + 糯米 | 清热明目、排毒养颜、润燥。 |
| + 银耳 | 润燥解颜、清热解毒。 |
| + 蜂蜜 | 疏风清热、明目、祛肝火。 |
| + 大米 | 清凉去火、润燥除烦。 |

## 食疗价值
详细介绍野菜的各种食用功效，方便读者采食适合自己的野菜。

## 人群宜忌
提供饮食的注意事项，说明适合食用的人群，以及不能食用的人群。

食花类野菜 131

## 实用偏方
简单实用的偏方，让读者可以对症下药。

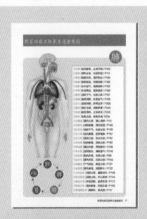

● 野菜对症五脏养生速查

读者可根据情况选择有益于某一脏器的野菜。

● 餐桌上最常见的10种野菜排行榜

推荐 10 种最常见的野菜，方便你辨认、食用。

● 野菜的食用

蒸、煮、炒等各种食用方法，营养又美味。

# 野菜对症五脏养生速查索引

心

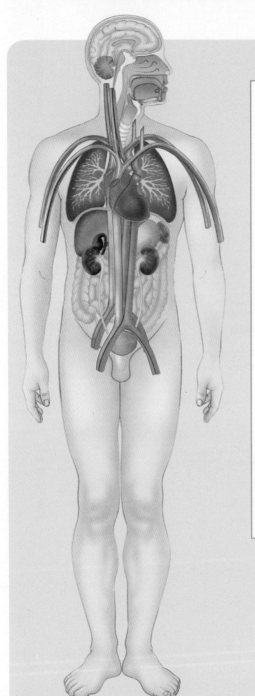

【麦冬】养阴生津，润肺清心 / P170

【酸枣】养心安神，镇静催眠 / P194

【山楂】消食化滞，软化血管 / P185

【沙棘】祛痰止咳，防心脏病 / P196

【冬葵】清热利湿，补中益气 / P81

【罗勒】疏风解表，化湿和中 / P84

【紫苏】散寒解表，理气和中 / P52

【卷丹】养阴润肺，清心安神 / P149

【荚果蕨】清热凉血，益气安神 / P70

【二月兰】软化血管，预防血栓 / P107

【龙牙草】强心止血，止痢消炎 / P204

【松树菌】强身止痛，理气化痰 / P225

【鸡腿菇】有益脾胃，清心安神 / P228

【羊肚菌】强身健体，化痰理气 / P228

【山芹菜】散寒解表，降压益气 / P83

【野艾蒿】调理气血，清热解毒 / P111

【茉莉花】理气和中，开郁辟秽 / P141

【金银花】清热解毒，补虚疗风 / P133

【玫瑰花】行气解郁，活血止痛 / P139

【条斑紫菜】软坚化痰，清热养心 / P229

【白车轴草】清热凉血，宁心安神 / P119

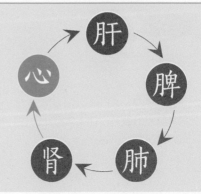

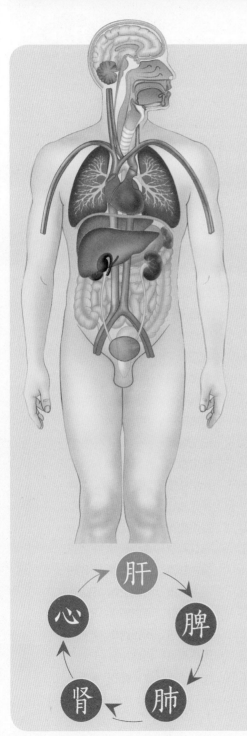

【青葙】祛热泻火，清心益智 / P74

【牡丹】降低血压，抗菌消炎 / P147

【水芹】平肝清热，凉血止血 / P48

【薄荷】疏散风热，清利头目 / P54

【野菊】清热解毒，疏风凉肝 / P64

【桂花】止咳生津，暖胃平肝 / P144

【酸浆】清热利湿，舒肝明目 / P184

【香菇】补肝健脾，防癌抗癌 / P222

【平菇】追风散寒，舒筋活络 / P223

【海带】消痰软坚，泄热利水 / P230

【青头菌】泻肝火，治急躁 / P225

【芝麻菜】清热止血，清肝明目 / P210

【灰绿藜】清热明目，降低血压 / P118

【反枝苋】清热明目，通利二便 / P107

【歪头菜】补虚调肝，止咳化痰 / P105

【柳树芽】清热解毒，养肝明目 / P101

【黄花菜】养血平肝，利尿消肿 / P134

【槐树花】凉血止血，清肝泻火 / P142

【野大豆】解毒透疹，养肝理脾 / P189

【蚕茧草】抗毒利尿，保护肝脏 / P248

【夏枯草】清肝散结，利尿止痛 / P241

【垂盆草】清热解毒，平肝利湿 / P116

【月季花】活血调经，消肿解毒 / P137

【裙带菜】清热生津，降胆固醇 / P230

【鹅掌菜】消肿利水，润下消痰 / P231

【羊栖菜】补血降压，软坚化痰 / P231

【野胡萝卜】健脾化滞，凉肝止血 / P171

【救荒野豌豆】清热利湿，和血祛淤 / P190

【东亚唐松草】清热泻火，燥湿解毒 / P218

脾

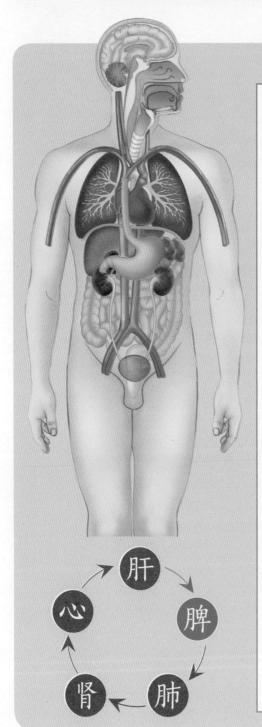

【莲】散淤止血，健脾生肌 / P160

【刺芹】疏风除热，芳香健胃 / P110

【蒌蒿】利膈开胃，行水解毒 / P90

【羊乳】补虚润燥，和胃解毒 / P172

【薏苡】健脾利湿，预防癌症 / P188

【鸡枞】健脾和胃，养血润燥 / P224

【藿香】祛暑解表，化湿和胃 / P56

【蕨菜】清热解毒，润肠化痰 / P44

【山韭】健脾养血，强筋壮骨 / P112

【锦葵】清热利湿，理气通便 / P126

【菱角】利尿通乳，补脾益气/ P157

【落葵】滑肠通便，清热利湿 / P96

【榆钱】健脾安神，清心降火 / P60

【毛罗勒】健脾化湿，祛风活血 / P109

【刺龙芽】益气补肾，祛风利湿 / P102

【香椿芽】清热解毒，健胃理气 / P62

【番薯苗】益气健脾，养血止血 / P68

【鸡头米】补中益气，开胃补肾 / P187

【毛樱桃】补中益气，健脾祛湿 / P194

【构树果】补肾清肝，明目利尿/ P196

【麦家公】温中健胃，消肿止痛 / P218

【鸡腿菇】有益脾胃，清心安神 / P228

【附地菜】温中健胃，消肿止痛 / P239

【花椒叶】驱虫健胃，治蛔虫病 / P251

【野茼蒿】健脾消肿，清热解毒 / P71

【凤眼莲】疏散风热，润肠通便 / P92

【碎米荠】清热利湿，止痢止血 / P116

【小香蒲】润燥凉血，去火健胃 / P216

【鹅绒委陵菜】健脾益胃，治疗疟疾 / P211

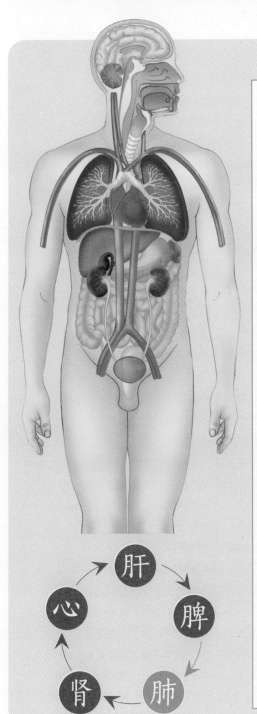

【牡荆】祛风解表，止咳平喘 / P102

【黄荆】清热止咳，化痰利湿 / P114

【菊花】疏散风热，清肝明目 / P130

【桔梗】宣肺祛痰，利咽排脓 / P166

【党参】补中益气，健脾益肺 / P162

【牛蒡】补肾降压，宣肺透疹 / P169

【紫菀】润肺下气，化痰止咳 / P167

【黄精】滋肾润肺，补脾益气 / P168

【玉竹】滋阴润肺，养胃生津 / P206

【银耳】滋补生津，润肺养胃 / P246

【栾树】疏风清热，止咳杀虫 / P255

【银杏】祛疾止咳，消毒杀虫/ P234

【豆瓣菜】清热止咳，清心润肺 / P46

【鸡蛋花】润肺解毒，清热祛湿 / P148

【款冬花】润肺下气，化痰止咳 / P138

【玉兰花】祛风散寒，宣肺通鼻 / P152

【白兰花】温肺止咳，消炎化浊 / P152

【无花果】消肿解毒，润肺止咳 / P182

【鸡油菌】清目利肺，预防眼炎 / P226

【毛木耳】滋阴强壮，清肺益气 / P246

【鼠曲草】除风利湿，化痰止咳 / P88

【丝石竹】清热利尿，化痰止咳 / P249

【旋覆花】下气消痰，降逆止呕 / P127

【金莲花】清热解毒，滋阴降火 / P132

【山丹百合】润肺止咳，镇静滋补 / P148

【有斑百合】润肺止咳，宁心安神 / P149

【展枝沙参】养阴润肺，益胃生津 / P172

【野西瓜苗】清热解毒，利咽止咳 / P100

【美丽胡枝子】清肺热，祛风湿 / P117

# 野菜对症五脏养生速查索引

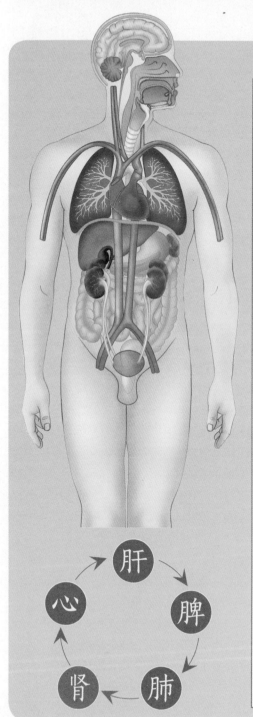

肾

【蕺菜】破血散血，滋阴补肾 / P122
【枸杞】滋补肝肾，养肝明目 / P176
【黑枣】滋补肝肾，润燥生津 / P178
【酸模】清热凉血，利尿杀虫 / P91
【刺苋】清热解毒，利尿止痛 / P73
【蔊菜】清热利尿，活血通经 / P76
【松茸】补肾强身，理气化痰 / P224
【薤白】通阳散结，行气导滞 / P104
【卫矛】通经破结，止血止带 / P119
【鳢肠】收敛止血，补肝益肾 / P121
【构树果】补肾清肝，明目利尿 / P196
【野韭菜】温中下气，补肾益阳 / P95
【刺五加】补肾强志，养心安神 / P58
【珍珠菜】活血调经，利水消肿 / P82
【打碗花】健脾益气，调经止带 / P85
【绞股蓝】降压降脂，延缓衰老 / P94
【凤仙花】活血通经，祛风止痛 / P120
【山葡萄】清热利尿，除烦止渴 / P183
【黄秋葵】清热解毒，凉血消肿 / P191
【何首乌】补血强筋，润肠通便 / P159
【石榴花】凉血止血，清肝泻火 / P136
【野核桃】清热止咳，润肺补肾 / P195
【五叶木通】清热利尿，通经活络 / P114
【三叶木通】清热祛火，活血通络 / P98
【直立婆婆纳】补肾强腰，解毒消肿 / P123
【水田碎米荠】清热利湿，凉血调经 / P115
【大叶碎米荠】消肿补虚，利尿止痛 / P115
【软枣猕猴桃】祛痰解烦，清热利尿 / P192
【狗枣猕猴桃】滋补强壮，预防癌症 / P192

肝
脾
心
肺
肾

# 餐桌上最常见的10种野菜排行榜

# 蕨菜

**上榜理由**

【抑制细菌】蕨菜素对细菌有一定的抑制作用,可用于发热不退、肠风热毒、湿疹、疮疡等病症,具有良好的清热解毒、杀菌清火之功效。

【下气降压】蕨菜的某些有效成分能扩张血管,降低血压;粗纤维能促进胃肠蠕动,具有下气通便的作用。

【清肠排毒】蕨菜能清肠排毒,民间常用蕨菜治疗泄泻痢疾及小便淋漓不通,有一定效果。

【增强体质】蕨菜可制成粉皮、粉长代粮充饥,有补脾益气,强健机体,增强抗病能力。

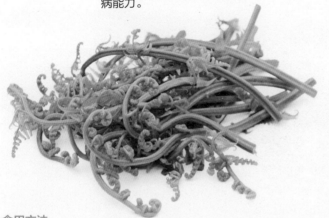

别名:拳头菜、猫爪、龙头菜、鹿蕨菜、蕨儿菜、猫爪子、拳头菜、蕨苔。

主治:风湿性关节炎、痢疾、咯血等病,并对麻疹、流感有预防作用。

性味:性寒,味甘、微苦。

功效:解毒、清热、润肠、化痰等。

## 食用方法

蕨菜可鲜食或晒干菜,制作时用沸水烫后晒干即成。吃时用温水泡发,再烹制各种美味菜肴。鲜品在食用前也应先在沸水中浸烫一下后过凉,以清除其表面的黏质和土腥味。炒食适合配以鸡蛋、肉类。

## 人群宜忌

| ☑ 高热神昏 | ☑ 筋骨疼痛 | ☑ 排尿不利 | ☑ 湿热带下 | ☑ 津血不足 | ☑ 肠燥便秘 | ☑ 大便不利 |

## 饮食搭配

蕨菜 + 木耳 + 猪瘦肉

滑肠利道、缓解肠燥便秘或大便不利。

蕨菜 + 萝卜

逐水消肿,通利二便,解毒散结。

蕨菜 + 胡萝卜丝 + 海米

养肝明目、清热解毒和增强体质。

蕨菜 + 猪肉 + 辣椒

健脾益气,增强体质和抗病能力的功效。

**实用偏方:**

痢疾 蕨菜研末,每服3~6克,米饮送下。

湿疹皮炎 先将患处用水或酒洗净,将蕨粉撒上或以甘油调和后擦拭。

肠燥便秘 蕨菜15克,以水浸漂后切段;木耳6克,又水泡胀;瘦猪肉100克,切片,用湿淀粉拌匀,待锅中食油煎熟后放入,炒至变色,即加入蕨菜、木耳及盐、酱油、醋、白糖、泡姜、泡辣椒翻炒匀食。

# 豆瓣菜

**上榜理由**

【调经防癌】研究表明，豆瓣菜有调经的作用，女性在月经前食用一些，就能对痛经、月经过少等症状起到防治作用，并能干扰受精卵着床，阻止妊娠，可作为避孕、调经及流产的辅助食物使用。近来发现，豆瓣菜可让乳腺癌细胞缺乏氧气和血液的提供而死亡，对乳腺癌有一定的预防作用。

【清燥润肺】中医认为，豆瓣菜味甘微苦，性寒，入肺、膀胱。具有清燥润肺、化痰止咳、利尿等功效，是治疗肺痨的理想食物，多食可益脑健身，属于保健蔬菜。秋天常吃些豆瓣菜，对呼吸系统十分有益。

**别名**：水生山葵菜、水芥菜、水瓮菜、西洋菜、微子藤菜、广东芥菜、水蔊菜、水芥。

**主治**：肺痨，肺燥肺热所致的咳嗽、咯血、鼻出血、月经不调等。

**性味**：性寒，味甘、微苦。

**功效**：清热止咳，清心润肺，化痰平喘。

**食用方法**

豆瓣菜吃法有多种，可以用开水烫过后凉拌、炒食，也可做汤、做馅和腌制、干制、酱制、泡渍，都很好吃。西餐配菜为常见。

## 人群宜忌

☑ **肺痨**　☑ **咯血**　☑ **月经不调**　☒ **脾胃虚寒**　☒ **肺气虚寒**　☒ **大便溏泄**　☒ **孕妇**　☒ **寒性咳嗽**

## 饮食搭配

豆瓣菜　＋　牛肉
有开胃暖胃的效果，冬天养生必备。

豆瓣菜　＋　猪瘦肉
有健脾养胃、增加食欲之效。

豆瓣菜　＋　红枣
有润肺止咳、益气补血之效。

**实用偏方：**

口干咽痛　西洋菜 500 克，猪骨 250 克，煮汤饮食。

肺热咳嗽　西洋菜 500 克，猪肺 500 克，南杏仁 15 克，煮汤食用。

肠燥便秘　鲜西洋菜 50 克，蜜枣 6 枚，用清水共煮汤，煮熟后食用。

化痰止咳　西洋菜 700 克，猪蹄肉 500 克，罗汉果半个，三者与南杏仁一起加水炖汤服用即可。

# 水芹

**上榜理由**

【降压平压】水芹中含酸性的降压成分，是极好的降压食材。

【利尿消肿】水芹中含有一种利尿成分，可帮助消除体内钠潴留，利尿消肿。

【预防肠癌】水芹中纤维素含量较高，在人体消化后会产生一种木质素或抗氧化物质，可抑制肠内细菌产生的致癌物质。

【改善贫血】水芹含铁量较高，可用于妇女经期补血，能有效改善缺铁性贫血。

【预防痛风】水芹的叶茎含有挥发性物质，别具芳香，能增强人的食欲。芹菜汁还有降血糖作用。经常吃些芹菜，可以中和尿酸及体内的酸性物质，对预防痛风有较好效果。

别名：香芹、蒲芹、药芹菜、水芹、野芫荽、楚葵、水英。

主治：高血压、头晕、暴热烦渴、黄疸、水肿、小便热涩不利、妇女月经不调、赤白带下、瘰疬、痄腮等病症。

性味：性凉，味甘、苦。

功效：平肝清热，凉血止血，降糖降压，消脂减肥。

**食用方法**

夏季采集嫩叶洗净后用开水烫一下，捞出切段或末，可炒食或做配料，也可作馅心。水芹叶中维生素C比茎多，可凉拌后食用，做汤，长期食用可以帮助睡眠，润泽肌肤。

**人群宜忌**

| ☑ 动脉硬化 | ☑ 糖尿病 | ☑ 缺铁性贫血患者 | ☑ 经期妇女 | ☑ 成年男性 | ☑ 高血压 |
| --- | --- | --- | --- | --- | --- |

**饮食搭配**

| 水芹 + 番茄 | 二者都是降压食材，同食还可健胃消食。 |
| --- | --- |
| 水芹 + 核桃 | 核桃是乌发养发佳品，二者同食可润发、明目。 |
| 水芹 + 豆腐 + 牛肉 | 健脾利尿，降压。 |
| 水芹 + 红枣 | 有滋润皮肤、抗衰老、养血养精的效果。 |

**实用偏方：**

白带 水芹200克，景天适量。水煎服。

小便淋痛 水芹菜白根者，去叶捣汁，井水和服。

小便不利 水芹150克，加水适量，煎服即可。

小儿发热，月余不凉 水芹、大麦芽、车前子，水煎服。

痄腮 鲜水芹适量，捣烂取汁，加酸醋服，外搽患处。

小儿霍乱吐痢 芹叶细切，煮熟汁饮。

# 马齿苋

**上榜理由**

【利水消肿】马齿苋含有大量的钾盐，有良好的利水消肿作用；钾离子还可直接作用于血管壁上，使血管壁扩张，阻止动脉管壁增厚，从而起到降低血压的作用。

【消除尘毒】马齿苋能消除尘毒，防止吞噬细胞变性和坏死，还可以防止淋巴管发炎和阻止纤维性变化，杜绝矽结节形成，对白癜风也有一定的疗效；马齿苋还含有较多的胡萝卜素，能促进溃疡病的愈合。

【杀菌消炎】马齿苋对痢疾杆菌、伤寒杆菌和大肠杆菌有较强的抑制作用，可用于各种炎症的辅助治疗，素有"天然抗生素"之称。

**别名：** 蓬苋四、千瓣苋、长寿菜、马齿菜、马神菜、马蛇子菜、马舌菜、马齿草。

**主治：** 痢疾、肠炎、肾炎、产后子宫出血、便血、乳腺炎等病症。

**性味：** 性寒，味酸。

**功效：** 宽中下气，利尿，滑肠，消积，滞益气，清暑热。

## 食用方法

夏季采集嫩茎叶，在沸水中焯熟后，用清水漂洗干净，以去除异味。可以凉拌，或与其他菜品一起炒食，也可以烙饼或做馅蒸食，还可以洗干净烫过后晒干，贮为冬菜食用。

## 人群宜忌

☑ 肠炎痢疾　　☒ 孕妇　　☒ 习惯性流产者　　☒ 脾胃虚弱　　☒ 受凉引起腹泻　　☒ 大便泄泻者

## 饮食搭配

马齿苋 ＋ 鸡肉 ＋ 枸杞
促进子宫收缩并增加抵抗力，对于产后复原的效果甚佳。

马齿苋 ＋ 莲藕
有清热止血、拔毒祛寒之效。

马齿苋 ＋ 芡实 ＋ 瘦肉
具有清热解毒、祛湿止带的功效。

马齿苋 ＋ 鸡蛋
具有清热解毒、止泻痢、除肠垢、益气补虚的功效。

**实用偏方：**

外感风寒、头痛咽干　紫苏叶10克，桂皮6克，葱白5根，水煎服。

急性胃肠炎　紫苏叶10克，藿香10克，陈皮6克，生姜3片，水煎服。

水肿　紫苏梗20克，蒜头连皮1个，老姜皮15克，冬瓜皮15克，水煎服。

妊娠呕吐、恶心反胃、泛酸水　紫苏茎叶15克，黄连3克，水煎服。

# 薄荷

**上榜理由**

【疏表散热】中药薄荷辛凉轻清，常与金银花、连翘等配伍，能疏散肌表及上焦风热，用以治疗风热侵袭肌表，或温病初起邪在卫分，症见发热、微恶风寒、头身疼痛等。

【清咽利喉】中药薄荷既能发散风热，又可清头目、利咽喉。用治风热上犯而致头痛目赤、咽喉肿痛。

【解表透疹】中药薄荷轻宣外达，解表透疹，常与葛根、牛蒡子等配伍应用，亦可治风疹瘙痒。

【疏肝解郁】薄荷中的挥发性物质，可以起到疏肝解郁之效。

**别名:** 苏薄荷、水薄荷、鱼香草、人丹草、蕃荷菜、野薄荷、夜息香、南薄荷。

**主治:** 干咳、气喘、支气管炎、肺结核、肺炎等。

**性味:** 性温，味甘。

**功效:** 具有疏散风热、清利头目、消炎止痛之效。此外，还可以起到疏肝解郁的作用。

**食用方法**

薄荷主要食用部位为茎和叶，也可榨汁服。在食用上，薄荷既可作为调味剂，又可作香料，还可配酒、冲茶等。

## 人群宜忌

☒ 阴虚血燥　☒ 肝阳偏亢　☒ 表虚汗多　☒ 脾胃虚寒　☒ 腹泻便溏　☒ 肺虚咳嗽　☒ 阴虚发热

## 饮食搭配

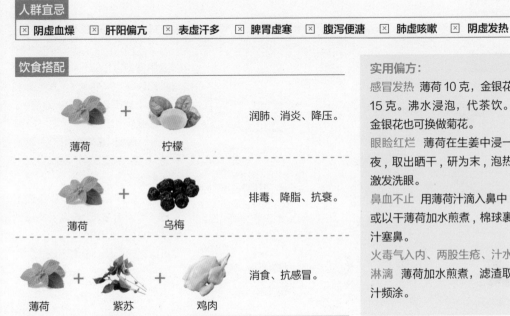

薄荷 + 柠檬 　　润肺、消炎、降压。

薄荷 + 乌梅 　　排毒、降脂、抗衰。

薄荷 + 紫苏 + 鸡肉 　　消食、抗感冒。

**实用偏方:**

**感冒发热** 薄荷 10 克，金银花 15 克。沸水浸泡，代茶饮。金银花也可换做菊花。

**眼睑红烂** 薄荷在生姜中浸一夜，取出晒干，研为末，泡热激发洗眼。

**鼻血不止** 用薄荷汁滴入鼻中，或以干薄荷加水煎煮，棉球裹汁塞鼻。

**火毒气入内、两股生疮、汁水淋漓** 薄荷加水煎煮，滤渣取汁频涂。

# 紫苏

**上榜理由**

【润肠下气】紫苏子具有下气、消痰、平喘、润肠的功效。适用于老人因肺气较虚，易受寒邪而引起的胸膈满闷、咳喘痰多、食少，以及心血管病患者食用。

【提高免疫】紫苏叶含多种营养成分，特别富含胡萝卜素、维生素 $B_2$、维生素 C。丰富的胡萝卜素、维生素 C 有助于增强人体免疫功能，增强人体抗病防病能力。

【缓解海鲜过敏】以单味紫苏煎服，或配合生姜同用，可解鱼虾蟹毒引起的吐泻腹痛。若食用不新鲜的海鲜食物产生过敏症状，可以生吃几片紫苏叶，可以快速减轻瘙痒症状。

**别名：**白紫苏、白苏、赤苏、红苏、香苏、黑苏、青苏、野苏。

**主治：**用于脾胃气滞、胸闷、呕恶、恶寒、发热、无汗等症。

**性味：**性温，味辛。

**功效：**行气宽中，散寒解表。

## 食用方法

春季采集嫩苗，洗净后用沸水烫一下，清水漂洗后用来炒食、凉拌、做汤或腌渍食用。嫩根茎需在秋季采挖，洗净去杂后可凉拌、炖食、腌制等。

## 人群宜忌

☑ 发热　　☑ 脾胃气滞　　☑ 胸闷呕吐　　☑ 特禀体质　　☒ 气虚　　☒ 阴虚久咳　　☒ 脾虚便溏

## 饮食搭配

 +

鲜紫苏叶　　鸭肉

可减少鸭肉的寒气，起到更好的滋阴补虚之效。

 +

鲜紫苏叶　　大蒜

有行气健胃、帮助消化、发汗祛寒的功效。

 +  +

鲜紫苏叶　　蟹　　生姜

解鱼蟹毒，减少蟹的寒性。

**实用偏方：**

外感风寒、头痛咽干　紫苏叶 10 克，桂皮 6 克，葱白 10 克，水煎服。

急性胃肠炎　紫苏叶 10 克，藿香 10 克，陈皮 6 克，生姜 3 片，水煎服。

水肿　紫苏梗 20 克，蒜头连皮 1 个，老姜皮 15 克，冬瓜皮 15 克，水煎服。

妊娠呕吐、恶心反胃、泛酸水　紫苏茎叶 15 克，黄连 3 克，水煎服。

# 藿香

上榜理由

【促进消化】全草含挥发油，可促进胃液分泌而帮助消化。以全草入药有解暑化湿、行气和胃作用；对常见的致病性皮肤真菌有抑制作用。

【养护肠胃】喜欢食用麻辣、油腻且肠胃不太好的朋友们，饭后食用一些藿香煎汤可养护肠胃。藿香味辛、芳香升散，具有祛暑解表、化脾湿、理气和胃的功效；治脾胃吐逆，抗病毒，养肝护胃。

【抗鼻病毒】藿香中的黄酮类物质有抗病毒作用。从藿香中分离出来的成分可以抑制消化道及上呼吸道病原体——鼻病毒的生长繁殖。藿香中有抗病毒作用的成分是黄酮（黄碱素成分）。

别名：土藿香、排香草、大叶薄荷、兜娄婆香、猫尾巴香、山茴香、水麻叶。

主治：寒热头昏、胸脘痞闷、食少身困、呕吐泄泻、妊娠恶阻、胎动不安、口臭、鼻渊、手足癣等。

性味：性微温，味辛。

功效：温中化湿，理气和胃之效。

**食用方法**

采集嫩茎叶，用开水烫一下，清水漂洗干净后炒食、凉拌、做馅等。

## 人群宜忌

☑ 外感风寒　☑ 内伤湿滞　☑ 头痛昏重　☑ 呕吐腹泻　☑ 胃肠型感冒患者　☑ 中暑　☑ 晕车

## 饮食搭配

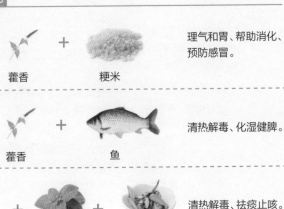

藿香 ＋ 粳米　　理气和胃、帮助消化、预防感冒。

藿香 ＋ 鱼　　清热解毒、化湿健脾。

藿香 ＋ 薄荷 ＋ 甘草　　清热解毒、祛痰止咳。

**实用偏方：**

晕车、晕船　乘坐车、船前，可用药棉蘸取藿香正气水敷于肚脐内，也可在乘车前 5 分钟口服一支藿香正气水（儿童酌减），可预防晕车晕船。

足癣　将患足用温水洗净擦干，将藿香正气水涂于足趾间及其他患处，早晚各涂一次。治疗期间最好穿透气性好的棉袜、布鞋，保持足部干燥。5 天为一疗程，一般 1~2 个疗程即可见效。

# 榆钱

【清热安神】榆钱果实中含有大量水分、烟酸、抗坏血酸及无机盐等，其中钙、磷含量较为丰富，有清热安神之效，可治疗神经衰弱、失眠。

【利尿消肿】榆钱果实中的烟酸、种子油有清热解毒、杀虫消肿的作用，可杀多种人体寄生虫，同时榆钱还可通过利小便而消肿。

【止咳化痰】榆钱味辛入肺经，能清肺热，降肺气，榆钱种子油有润肺止咳化痰之功，故可用于治疗咳嗽痰稠之病症。

【和胃健脾】榆钱果实中含有烟酸、抗坏血酸等酸性物质。同时，还含有大量的无机盐，可健脾和胃，治食欲不振。

**别名**：榆实、榆子、榆仁、榆荚仁、榆菜。

**主治**：失眠、食欲不振、小便不利、水肿、烧烫伤、妇人带下、小儿疳积等病症。

**性味**：性平，味甘、微辛。

**功效**：具有健脾安神、清心降火、止咳化痰、利水杀虫等功效。

## 食用方法

榆钱最适宜生吃，鲜嫩脆甜；洗净后与大米或小米煮粥，滑润喷香；拌以玉米面或白面做成窝头，上笼蒸熟，则香甜柔软；而切碎后加虾仁、肉或鸡蛋，做成馅来包饺子、蒸包子、煎饼卷，更是清鲜顺口。

## 人群宜忌

☑ 气盛而壅　☑ 喘嗽不眠者　☒ 胃寒气虚者　☒ 胃溃疡　☒ 十二指肠溃疡患者　☒ 孕妇

## 饮食搭配

 +

榆钱　　黄豆

健脾助食。适用于久病体虚、脾胃虚弱、食欲不佳等。

  +

榆钱　　猪肉

健脾和胃、补虚安神。可用以治疗食欲不振、失眠等病症。

 +  +

榆钱　　番茄　　橙子

健脾补虚、养心安神，可用于体虚消瘦、咳嗽痰多、小便不利等病症辅助治疗。

**实用偏方：**

堕胎后下血不止　榆白皮（刮净，锉碎）、当归（切，焙）各25克。上二味捣筛，每服9克。每日1次。

身体暴肿满　榆皮捣屑，随多少，杂米作粥食，利小便。

虚劳、尿白浊　榆白皮适量加水，煮取汁液，分服。

咳嗽痰多　榆钱100克，番茄、甜橙、白糖各50克，湿淀粉20毫升，炖汤服。

# 野菊

**上榜理由**

【清热解毒】与白菊花和黄菊花相比，野菊花的性味最为苦寒，清热解毒功效卓著，一般用于治疗疔疮痈肿、头痛眩晕、目赤肿痛。

【清心明目】《增广大草纲目》记载："处州出野菊，土人采其芯而干之，如半粒绿豆大，甚香而轻，贺黄亮。对败毒、散疗、祛风、清火、明目为第一。"在夏季，可以用来治疗热疖、皮肤湿疮溃烂，预防风热感冒。

【抑菌杀毒】野菊花水提物对多种致病菌、病毒有杀灭或抑制活性，水提取物对金黄色葡萄球菌、痢疾杆菌、伤寒杆菌等的抑制活性强于挥发油；并有抗炎、抗氧化、镇痛活性。

**别名：**野菊花、野黄菊。

**主治：**疔疮、痈疽、瘰疬、风热感冒、丹毒、湿疹、疥癣、咽喉肿痛、眩晕头痛、目赤热痛、高血压等病症。

**性味：**性微寒，味苦、辛。

**功效：**散风清热、清肝明目、解毒消炎等功效，多用来制作茶饮。

**食用方法**

采集嫩叶及嫩茎，去杂洗净后用沸水浸烫3分钟左右，再用清水浸洗1~2个小时去除苦味，用来做汤、做馅、凉拌、炒食或晒干菜。

**人群宜忌**

☑ 风热感冒　☒ 胃部不适　☒ 胃纳欠佳　☒ 肠鸣　☒ 大便稀烂　☒ 孕妇　☒ 糖尿病

**饮食搭配**

野菊花 + 茄子　　清香味鲜，清热凉血，防癌抗癌。

野菊花 + 大蒜　　清热解毒，适用于温病头痛、赤眼、痢疾、鼻炎、慢性支气管炎、咽喉肿痛等病症。

野菊花 + 鸡蛋　　具有美容养颜、补虚益气之效。

**实用偏方：**

湿疹、皮肤瘙痒　苦参、白鲜皮、野菊花各 30 克，黄柏、蛇床子各 15 克，煎汁，倒入浴盆中，加温水至浸渍患处为度，每日 1 次，每次浸泡 30 分钟。

痔疮　金银花 50 克，野菊花、蒲公英、紫花地丁各 25 克，紫背天葵子 15 克，每日 1 剂，水煎后分 2 次服。

预防感冒、脑炎、百日咳　野菊花 6 克，用沸水浸泡 20 分钟，代茶饮。

# 苦菜

【预防贫血】苦菜中含有丰富的胡萝卜素、维生素C以及钾盐、钙盐等，对预防和治疗贫血病，维持人体正常的生理活动，促进生长发育和消暑保健有较好的作用。苦菜中丰富的铁元素有利于预防贫血，多种无机盐和微量元素有利于儿童的生长发育。

【增进免疫】苦菜嫩叶中氨基酸种类齐全，且各种氨基酸之间比例适当。常食有助于促进人体内抗体的合成，增强机体免疫力，促进大脑机能。

【止痱润肤】将三月里的苦菜剜好洗净晾干，洗澡时放一两束在澡盆里，会不生疮疥，不长痱子。用苦菜沐浴过的皮肤，光滑而极富弹性。

别名：苦苣菜、苦麻菜、苣荬菜。

主治：肠炎、阑尾炎、产后腹痛、结肠炎、眼结膜炎等症。

性味：性寒，味苦。

功效：清热解毒、消炎利尿、排脓、去淤、消肿、凉血止血。

## 食用方法

洗净后拌酱调味可以生吃，也可先脱苦，即用沸水漂烫片刻后，用净水浸泡1小时左右，再凉拌或炒食。由于苦菜的季节性较强，可以将其做成罐头，经常食用。

## 人群宜忌

☑ 黄疸性肝炎　　☑ 咽喉炎　　☑ 细菌性痢疾　　☑ 感冒发热　　☑ 慢性气管炎　　☑ 扁桃体炎

## 饮食搭配

| 苦菜 + 猪肉 | 适用于阴虚咳嗽、消渴、痢疾、黄疸、痔漏、便秘等病症。 |
| 苦菜 + 猪肝 | 适用于面色萎黄、浮肿、贫血、眼花、夜盲、小儿疳疾等病症。 |
| 苦菜 + 粳米 | 两者搭配，具有清热凉血、解毒、温中养胃之效。 |

**实用偏方：**

小儿疳积　苦菜50克，同猪肝炖服。

壶蜂叮螫　苦菜捣汁涂抹患处。

乳结红肿疼痛　紫苦菜捣汁水煎，饮服。

慢性气管炎　苦菜500克，大枣20个。苦菜煎烂，取煎液煮大枣，待枣皮完全展开后取出，余液熬成膏。早晚各服药膏一匙。

# 野菜养生的秘密

我国的野菜遍布全国各地，产量大，营养价值高。野菜的营养成分主要有水分、蛋白质、脂肪、糖类、粗纤维、钙、磷、铁、胡萝卜素和维生素C等，这些都是人体所必需的营养元素。有些野菜的营养成分比某些粮食作物还高，如紫苜蓿中所含某些氨基酸的含量比稻米、小麦都高。

许多野菜还具有较高的药用价值。有的野菜中蛋白质含量虽然较少，但各种氨基酸的成分比较平衡，与主食搭配食用可使膳食中的蛋白质生物效应提高，更有利于人体的营养吸收。野菜中含有丰富的维生素，尤其是胡萝卜素和维生素C，紫花地丁每100克中维生素C含量最高达320毫克，是野菜中含量最高的，一般的栽培蔬菜不能与之相比。

野菜中还含有各种无机盐，如钙、磷、镁、钾、钠、铁、锌、铜、锰等，这些元素在野菜中含量比例有的正符合人体所需要的比例，故采食野菜不至于因某些元素过量而影响代谢。从野菜中获得到的维生素和有机盐更有益于人体生长和健康，尤其对缺乏蔬菜的地区，有着重要的食用意义和营养价值。

野菜中含有的纤维素是膳食中纤维素很好的来源。纤维素具有吸水性，能刺激肠胃蠕动，促进消化腺分泌，帮助消化。野菜中的纤维素还有离子变换和吸附作用，可分解有害毒物。膳食中适宜的纤维素对人体健康、提升精力有极大的益处。

野菜不仅能够丰富餐桌，也是防病治病的良药。荠菜能清肝明目、中和脾胃、止血降压，主要用于痢疾、肝炎、高血压、妇科疾病、眼病、小儿麻疹等，被称为"天然之珍"；蒲公英可清热解毒，是糖尿病、肝炎病人的佐餐佳肴；马齿苋也能消炎解毒，有预防痢疾的作用，并对胃炎、十二指肠溃疡、口腔溃疡有独特的疗效；苦菜则可以清热、冷血、解毒，治疗痢疾、黄疸、肛瘘、蛇咬伤等；灰菜去湿、解毒、杀虫，可用于周身疼痒或皮肤湿疹；野苋菜有清热利湿的作用，可治痢疾、肠炎、膀胱结石、甲状腺肿、咽喉肿痛等；蕨菜的功效是清热、利尿、益气、养阴，用于高热神昏、筋骨疼痛、小便不利等。

因为含有各种抗氧化成分和丰富的营养，野菜还被用于化妆品之中。野菜系列化妆品含有天然绿色野菜提取物和含各种野菜成分的淡绿色颗粒，可防止皮肤粗糙，促进新陈代谢，使皮肤活性化。所以，适当食用野菜，有降血脂、降血糖、养身补肾、滋润肌肤、养颜美容等功效。

# 认识野菜的叶、花、果

随着城市化进程的加快，越来越多的空地被利用，生活在都市中的人见到野菜的概率也变得更少。本书在此把植物的类型做了大致分类，方便读者认识和了解野菜。

首先是植物叶子的形状，即叶形。叶形大致有三角形、倒卵形、匙形、琵琶形、倒披针形、长椭圆形、心形、倒心形、线型、镰形、卵形、披针形、倒向羽裂形、戟形、肾形、圆形、箭头形、椭圆形、卵圆形、针形等几种，如下图所示：

**叶片上的粗细不等的脉络，叫作叶脉。叶脉分两种：**

网状脉——叶脉相互交错，形成网状。大多数双子叶植物的叶菊有网状脉。

平行脉——叶脉互不交错，大体上平行分布。大多数单子叶植物的叶菊有平行脉。

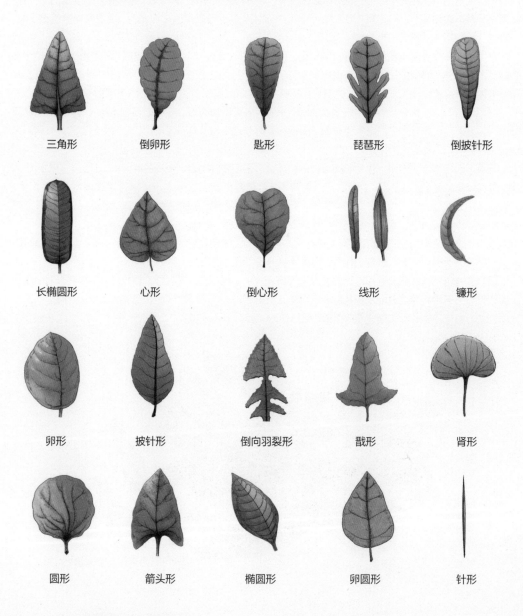

| | | | | |
|---|---|---|---|---|
| 三角形 | 倒卵形 | 匙形 | 琵琶形 | 倒披针形 |
| 长椭圆形 | 心形 | 倒心形 | 线形 | 镰形 |
| 卵形 | 披针形 | 倒向羽裂形 | 戟形 | 肾形 |
| 圆形 | 箭头形 | 椭圆形 | 卵圆形 | 针形 |

叶子的种类是根据叶柄上长有叶片的数目，可分为两种：

单叶——每个叶柄上只长有一
个叶片。

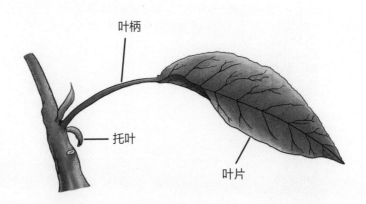

叶柄

托叶

叶片

复叶——每个叶柄上长有许多的小叶，包括很多种类。

三回羽状复叶

二回羽状复叶

掌状复叶

单身复叶

掌状三出复叶

羽状三出复叶

奇数羽状复叶

偶数羽状复叶

叶序是叶在茎上排列的方式，它的类型包括簇生、互生、对生、轮生、基生，如图：

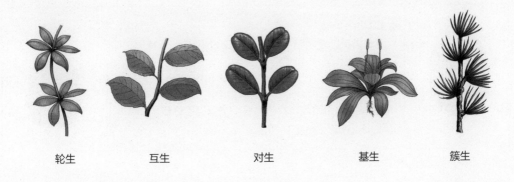

轮生　　　　互生　　　　对生　　　　基生　　　　簇生

**叶缘是叶片的周边，叶片的边缘。常见的类型有：**

◀ **全缘**
周边平滑或近于平滑的叶缘，如女贞等。

**齿缘** ▶
周边齿状，齿尖两边相等，而较粗大的叶缘，如红罂粟、苦菜等。

◀ **细锯齿缘**
周边锯齿状，齿尖两边不等，通常向一侧倾斜，齿尖细锐的叶缘，如茜草、墨头菜、甜根子草等。

**圆锯齿缘** ▶
周边有向外突出的圆弧形的缺刻，两弧线相连处形成一内凹尖角，如紫背草等。

◀ **重锯齿缘**
周边锯齿状，齿尖两边不等，通常向一侧倾斜，齿尖两边亦呈锯齿状的叶缘，如刺儿菜等。

**羽状浅裂** ▶
叶片具羽状脉，裂片在中脉两侧像羽毛状分裂，裂片的深度不超过1/2，如辽东栎等。

◀ **羽状深裂**
叶片具羽状脉，裂片深度超过1/2，但叶片并不因为缺刻而间断，如抱茎苦荬菜、昭和草等。

**羽状全裂** ▶
叶片具羽状脉，裂片深达中央，造成叶片间断，裂片之间彼此分开，如鱼尾葵、鬼针草等。

◀ **睫状缘**
周边齿状，齿尖两边相等，而极细锐的叶缘，如石竹。

**浅波状齿缘** ▶
周边稍显凸凹而程波纹状的叶子，如弯花筋骨草、肉穗草、金丝木通等。

## 花的构造

花朵是种子植物的有性繁殖器官，可以为植物繁殖后代。它的各部分轮生于花托之上，四个主要部分从外到内依次是花萼、花冠、雄蕊群、雌蕊群，如图解：

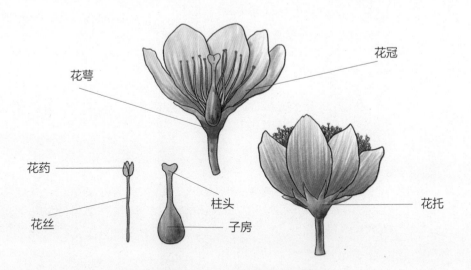

花萼：位于最外层的一轮萼片，通常为绿色，但也有些植物的呈花瓣状。
花冠：位于花萼的内轮，由花瓣组成，较为薄软，常有颜色以吸引昆虫帮助授粉。
雄蕊群：一朵花内雄蕊的总称，花药着生于花丝顶部，是形成花粉的地方，花粉中含有雄配子。
雌蕊群：一朵花内雌蕊的总称，可由一个或多个雌蕊组成。组成雌蕊的繁殖器官称为心皮，包含有子房，而子房室内有胚珠（内含雌配子）。

## 花的形状

花的形状非常多，其中常见的分为以下几种：

## 花序

花序是花梗上的一群或一丛花，依固定的方式排列，是植物的固定特征之一，花序可以分为无限花序和有限花序。常见的花序类型是以下8种：

### 1. 总状花序

花轴单一，较长，自下而上依次着生有柄的花朵，各花的花柄大致长短相等，开花顺序由下而上，如紫藤、荠菜、油菜的花序。

### 2. 穗状花序

花轴直立，其上着生许多无柄小花。小花为两性花。禾本科、莎草科、苋科和蓼种中许多植物都具有穗状花序。

### 3. 柔荑花序

花轴较软，其上着生多数无柄或具短柄的单性花（雄花或雌花），花无花被或有花被，花序柔韧，下垂或直立，开花后常整个花序一起脱落，如杨、柳的花序；栎、榛等的雄花序。

### 4. 伞房花序

也称平顶总状花序，是变形的总状花序，不同于总状花序之处在于花序上各花花柄的长短不一。花位于一近似平面上，如麻叶绣球。如几个伞房花序排列在花序总轴的近顶部者称复伞房花序，最后一种是变形的总状花序，如樱花。

### 5. 头状花序

花轴极度缩短而膨大，扁形，铺展，各苞片叶常集成总苞，花无梗，多数花集生于一花托上，形成状如头的花序。如菊、蒲公英、向日葵等。

### 6. 圆锥花序

花轴有分枝，每一小枝自成一总状花序，整个花序由许多小的总状花序组成，故又称复总状花序，如丁香、稻、南天竺等的花序。

### 7. 伞形花序

花轴缩短，大多数花着生在花轴的顶端。每朵花有近于等长的花柄，从一个花序梗顶部伸出多个花梗近等长的花，整个花序形如伞，称伞形花序。每一小花梗称为伞梗，如报春、点地梅、人参、五加、常春藤等。

### 8. 二歧聚伞花序

主轴上端节上具二侧轴，所分出侧轴又继续同时向两侧分出二侧轴的花序，如大叶黄杨、卫矛等卫矛科植物的花序，以及石竹、卷耳、繁缕等石竹科植物。

## 野菜的果实

植物的果实，一般有以下几种类型：

**蓇葖果**

果形多样，皮较厚，单室，内含种子一粒或多籽，成熟时果实仅沿一个缝线裂开。

**坚果**

闭果的一个分类，果皮坚硬，内含1粒种子，与果皮分离，如板栗等的果实。

**荚果**

单心皮发育而成的果实，成熟后，果皮沿背缝和腹缝两面开裂，如大豆、豌豆、蚕豆等。

**核果**

由一个心皮发育而成的肉质果，一般内果皮木质化形成核，如桃、李、芒果、杏等。

**蒴果**

由合生心皮的复雌蕊发育成的果实，成熟后裂开。蒴果是被子植物常见的果实类型。

**瘦果**

果皮坚硬，不开裂，内有一粒种子，由1~3心皮构成的小型闭果。如白头翁、向日葵等。

**聚合果**

也称花序果、复果，是指由整个花序发育成的果实，如草莓、凤梨、无花果、桑葚等。

**浆果**

一种多汁肉质单果，由一个或几个心皮形成，含一粒至多粒种子，如香蕉、番茄、酸果蔓。

# 野菜的采摘

## 野菜的采摘季节

野菜采摘季节性很强，野菜的采收要求决定采收时间。俗话说："当季是菜，过季是草。"说的就是采摘的季节性。野菜采收成熟度的确定以及采收的一切操作是否适当，对野菜的产量、质量、贮存和加工品质都有较大的影响。各种野菜有不同的采摘季节，比如榆钱在北方通常4月上旬采摘食用，中旬成熟脱落。楤木以未展开的嫩芽为食，叶片展开后有硬刺不能食用。刺槐花应在未开放之前采收，过早过迟都会影响其产量和风味等。生活上应根据野菜的品种、种类、特性、生长情况、气候条件等综合考虑，才能确切的决定野菜的采摘季节，品尝到营养美味的野菜。

## 出门前的准备（服装、物品、工具）

出门郊游再顺便挖点野菜，这的确是个好主意，需要注意的是出发之前可要整理好装备。首先装备好利于采摘的服装。下身穿厚质的长裤，最好是宽松的牛仔裤，上身穿棉质的长袖衬衫，这样的衣服既可以避免在树林、草丛中被刮伤，同时又很透气、舒适。双手要戴上手套，以免被芒草或树枝划伤。脚上要穿上登山鞋，以利于在各种地形条件下进行采摘，头上应戴不容易脱落的帽子，以免在竹林或矮树丛间穿梭时被碰掉或勾住头发、虫咬，还能起到防晒作用。如果是去河边或者潮湿的地方，最好换上雨鞋，注意气温变化，适时调整衣服保暖性能。

其次要随身携带毛巾、急救箱、雨具等小物品。毛巾用来擦汗，旧报纸可以包装野菜，丝带尼龙绳可以捆绑，还有食物和水。最后要注意采集工具，虽然许多幼嫩的野菜和野果都可以徒手采集，但适当的小工具会有意想不到的用处。比如小铁锹可以采挖野菜根茎的药用部分，小剪刀可以剪取一段植物的某个特定食用或药用部分等。

除了随身的衣服和物品装备之外，在正式出发前还要了解野菜的时令性、习性，这样就有助于收获更多的战利品。

### 出门前准备

| 铁锹 | 登山鞋 | 手套 | 毛巾 | 厚衣服 | 急救包 |

## 如何识别野菜？

只有识别野菜才能准确采摘、食用野菜，以免错采、误食、中毒。识别野菜，依靠植物学形态术语以及植物分类学基本知识，山区农民在长期采摘野菜的实践中，积累了丰富的经验。他们掌握了野菜的一些共同特点，通过看、摸、嗅、尝的方法，综合判断，以达到准确辨认。

看——细致地观察植物全形，掌握各部分突出特征，加以判断、辨认。

摸——用手触摸或折揉茎叶处，发现其突出的特征或变化来辨识野菜。

嗅——有些野菜揉其茎、叶或根折发出各种气味，通过鼻嗅也可辨认。

尝——各种野菜的味道不尽相同，通过口尝也是辨识野菜的一种方法。

## 野菜采摘技巧

地下根茎类的野菜需要用锹或锄挖刨，也可以用犁翻出根茎。主要注意的是要深挖，以免伤及根部，如何首乌、睡莲、板蓝根、山葵、野胡萝卜、甘露子、地黄、桔梗等。

除了根茎类和一年生野菜外，多数山野菜的采摘通常以手触摸感觉识别老嫩后进行采摘。嫩茎叶类食用的野菜如歪头菜从弯曲处掐断，楤木从嫩芽基部掰断。全菜类野菜从基部向上寻找其易折断出采摘，如鬼针草、碎米荠、诸葛菜等。嫩叶食用的野菜如木防己等，以叶柄能掐断味标准。食花类野菜最好是含苞待放时采摘，如月季、黄花菜、槐花等。幼嫩叶柄食用的野菜入蕨菜等，自下向上从易折断处采摘，采摘时避免断面接触土壤，防止汁液流出老化。鲜品食用或加工的野菜，采摘时装入塑料袋内保存，防止日晒枯萎。

很多野菜具有螫毛或针刺，采摘时应该注意防护，戴手套或用工具进行采摘。

## 采摘中的注意事项

要选择在长势好、无污染的地方采集。不要采集生长在化工厂附近的野菜，也不要采集喷洒过农药的庄稼地里的野菜，以免中毒。路边的野菜因为常年被汽车排放的尾气所污染，因此也不宜采食。

采摘野菜时要用手从根部掐下，把菜根在地上擦一下，以防止水分散失和发生化学反应。

采下的野菜如果一直握在手中，很容易因体温而发生变形或凋萎，因此应该放在垫有青草的筐中，不能按压。

不同种类的野菜不要混在一起。要将野菜及时归类，及时扎把。不易扎把的野菜可以用报纸卷在一起，及时放入筐中。当天采集的野菜要当天加工，存放过久会使野菜老化变质，营养降低。野菜采回来后可以用开水焯一下，然后放入塑料袋，加入盐水，排气后扎紧，放入冰箱冷藏。

# 野菜的食用

## 常见食用方法

野菜的食法有很多种，下面介绍几种野菜最常见又营养丰盛的食法。

**凉拌** 大多数野菜都有苦、涩、酸等特殊的味道，因此采摘后都要先用沸水焯一下，然后再用清水浸泡漂洗，以去除其中的异味。凉拌时可以根据个人口味适量调入盐、糖、味精、醋等调味品，这种食法最有利于保留野菜中的维生素。

**炒食** 为了防止野菜中的维生素受到破坏，应用急火快炒。如果是与肉、蛋等配料同炒，则可以采用"双炒法"，先用旺火、热油炒配料，起锅后再用急火炒野菜，倒进配料回锅同炒一下，立即出锅即可。这样炒出来的菜色、香、味俱全，同时还较好地保留了原料的营养价值。

**煲汤** 在锅中倒入适量油，烧热后放入葱花或蒜末，炝出香味，加入水和少量虾皮，烧沸后倒入野菜，盖上锅盖，2~3分钟后即可出锅。如果野菜是被用作其他原料的配料，则可以在其他原料烧好前2~3分钟加入。这种方法可以做出野菜肉片汤、野菜豆腐汤等各种美味的营养汤品。

**做馅** 把野菜切碎后加入其他配料，便可以制成各种面点，如水饺、包子、馅饼等。如果嫌弃包子、饺子做法麻烦，也可以直接与干面粉拌匀，加入味料上锅蒸熟直接使用，如蒸荠菜、槐花等。

**制干菜** 大部分野菜都可以先经开水烫煮去毒后晒成干菜，尤其是一些季节性采摘时间短，而又易大量集中采摘的品种，如蕨菜、海带等。

| | 八种注意事项 | | |
|---|---|---|---|
| 1 | **不认识的野菜不要吃** 吃野菜要先知道所食的野菜是否有毒，不认识的野菜最好不要吃，特别是不认识的真菌类野菜。有些野菜含有剧毒，误食后轻者出现胸闷、腹胀、呕吐，重者危及生命。 | 5 | **体质过敏者不宜食用** 平常服止疼药、磺胺类药或吃某些食物、接触某些物质易发生过敏者，采食野菜应该慎重。首次应少量食用，食用后如出现周身发痒、浮肿、皮疹或皮下出血等过敏或中毒症状，应该停食野菜，并到医院治疗，以免引起肝、肾功能的损害，影响身体健康。 |
| 2 | **久放的野菜不能吃** 野菜最好是现采现吃，久放的野菜不但不新鲜、营养流失、味道差，而且有毒成分会增多。 | 6 | **苦味野菜不宜多食** 苦味野菜性凉味苦，有解毒败火之效，但过量食用，损伤脾胃。 |
| 3 | **受污染的野菜不要吃** 污染严重的野菜容易吸收有毒重金属、有毒化学成分。废水边、废料堆边、公路边、有毒矿渣边生长的野菜均不宜食用。 | 7 | **选择野菜要因人而异** 有的野菜本身就是药用植物，有药性，人们首先要考虑自身身体状态，其次才是口味爱好。 |
| 4 | **野菜不可多吃** 野菜的确是天然食物，营养丰富而且别有风味，但也不可贪食。因多数野菜性凉寒，过量进食野菜，易造成脾胃虚寒等病。像鱼腥草等少数野菜含有微毒，多吃有害。 | 8 | **野菜不能代替种植蔬菜** 偶尔吃吃野菜、尝新鲜也无可厚非，但野菜不能代替家种蔬菜。家种蔬菜大多数都是野菜经过长期的人工栽培及在此基础上刻意培育出来的，营养成分有科学指标，口味更好。 |

## 食用野菜中毒怎么办?

一旦误采了有毒野菜,食用后有头疼、头晕、恶心、腹痛、腹泻等症状,应立即进行急救治疗。以下方法可作为应急参考:

1. 催吐法。可用手指、鸡毛或其他的代用品探触中毒者咽部,至将毒物全部吐出为止。

2. 洗胃法。可用肥皂水或浓茶灌进胃内洗胃,也可用 2% 碳酸氢钠溶液洗胃。此法可以消除已到肠内的毒物,起到洗胃又清肠的作用。

3. 腹泻法。可用泻剂,入硫酸镁和硫酸钠,用量 15~30 克,加水 200 毫升,口服,使患者将有毒物质泻出。

4. 解毒处理。在上述急救处理后,还应及时对症治疗,可服用桐柏解毒剂,或者吃生鸡蛋清、牛奶、大蒜汁等坊间偏方。

5. 及时送往医院。发现食用野菜中毒严重者,务必送往医院进行抢救。

### 野菜毒性鉴别

民间的几种土方法识别野菜是否有毒,既简单又有效:

1. 品味法　将野菜烫熟后,品尝味道,若有明显的苦涩味或其他怪味,则表示有毒。有涩味则表示有单宁,有苦味则有生物碱、苷等物质,不可食用。

2. 浓茶沉淀法　将煮熟后的野菜汤加入浓茶,观察茶汤是否沉淀,若产生大量沉淀,则表示其中含有金属盐或者生物碱,不可食用。

3. 汤水振摇法　将野菜煮过的汤水经振摇后如有大量泡沫出现,则表示含有皂苷类物质,忌食。

4. 喂养动物法　将野菜煮过后晒干碾成粉,少量掺入饲料中喂养动物,观察动物反应,如有不正常反应表示有毒,不可食用。

### 有毒植物中毒症状

一般引起中毒的原因是由于野菜中含有不同的有毒物质,如生物碱、苷类和毒蛋白等,其中症状如下:

生物碱类阿托品中毒症状:口渴、大喊大叫、兴奋、瞳孔散大。

吗啡类中毒症状:呕吐、头痛、瞳孔缩小、昏睡、呼吸困难。

乌头碱类中毒症状:恶心、疲乏、口舌发麻、呼吸困难、面色苍白、脉搏不规则。

苷类中毒症状:眩晕、走路摇晃、麻木、瞳孔散大、流涎、鼻黏膜红紫、肌肉痉挛。

强心苷类中毒症状:上吐下泻,腹部剧烈疼痛、皮肤冰冷、出汗、脉搏不规律、瞳孔散大、昏迷。

皂苷类中毒症状:腹部肿胀、呕吐、尿血、痉挛或呼吸中枢障碍及红细胞溶解而窒息。

毒蛋白中毒症状:呕吐、恶心、腹痛、腹泻、呼吸困难、出现紫绀、循环系统衰竭和尿少。

## 常见消除植物毒素小窍门

1. 煮沸除毒法。将采摘的野菜择洗干净,放入沸水中稍煮片刻,捞出用清水漂洗,漂至水无色为准。

2. 凉水浸泡法。将采摘的野菜浸泡在凉水中10 分钟,然后用清水漂洗,漂至水无色为准。这样可除去溶于水的苷、单宁、生物碱和亚硝酸盐。

3. 加热除毒法。将野菜择洗干净,放入锅内加热烘炒,加热可使某些有毒物质分解,也能除去一些挥发性有毒物质。

4. 碱性浸洗除毒法。先将野菜浸泡在 0.1%碳酸氢钠(小苏打)溶液中,然后漂洗干净,这样可有效除去单宁。

# 第一章

# 茎叶类
## 野菜

  茎叶类野菜的采集多集中在植物的生长季节，春季是采集茎叶类野菜的最佳季节，尤其是一些食用嫩叶的木本植物，如香椿，叶子老后就不能再食用。有的植物由于在整个生长期都不断萌发新叶，所以采集期较长，如大果榕、树头菜、球兰等。大多数的草本野菜在整个生长季节都可采集，采集食用的时间较长。而一些植物体较小的野菜，采集则是一次性的，如荠菜等。茎叶类野菜，有的种类可直接烹调后食用，有的则需要在沸水中煮一下，以去除苦味和涩味。

# 马齿苋

## 清热解毒，利水去湿

马齿苋主治痢疾、肠炎、肾炎、产后子宫出血、便血、乳腺炎等病症，具有散血消肿，利肠滑胎，解毒通淋之效，辅助治产后虚汗症。但是马齿苋有堕胎的功能，孕妇，尤其是有习惯性流产者，应禁止食用马齿苋。

**分布情况一览：**
马齿苋常生在荒地、田间、菜园、路旁。
**主产地：**
华东、华北、东北、中南、西南、西北。

花无梗，3~5朵簇生枝端，午时盛开。

蒴果卵球形，种子细小，多数，偏斜球形，黑褐色，有光泽，小疣状凸起。

叶互生，有时近对生，叶片扁平，肥厚，倒卵形，似马齿状，叶柄粗短。

茎平卧或斜倚，伏地铺散，多分枝，圆柱形，淡绿色或带暗红色。

### 营养成分
（以100g为例）

| | |
|---|---|
| 粗纤维 | 0.7g |
| 蛋白质 | 2.3g |
| 胡萝卜素 | 2.23mg |
| 维生素B$_1$ | 0.03mg |
| 维生素C | 23mg |
| 钙 | 85mg |
| 磷 | 56mg |

## 食用方法

夏季采集嫩茎叶，在沸水中焯熟后，用清水漂洗干净，以去除异味，可以凉拌，或与其他菜品一起炒食，也可以烙饼或做馅蒸食，还可以洗干净烫过后晒干，贮为冬菜食用。

### 药典精要

《开宝本草》："服之长年不白。治痈疮，杀诸虫。生捣汁服，当利下恶物，去白虫。"
《本草纲目》："散血消肿，利肠滑胎，解毒通淋，治产后虚汗。"
《本草拾遗》："诸肿揍疣目，捣揩之；破壬病，止消渴。"

**小贴士：**
马齿苋清洗不干净，很可能引发腹泻，甚至农药中毒。要把马齿苋洗干净，最好用自来水不断冲洗，流动的水可避免农药渗入果实中。洗干净的马齿苋也不要马上吃，最好再用残洁清浸泡5分钟。

## 饮食有方

**小档案**

性味：性寒，味酸。

习性：适合温暖、阳光充足而干燥的环境，阴暗潮湿之处生长不良。广泛分布在河岸边、池塘边、沟渠旁。

繁殖方式：播种繁殖，也可以用其茎段或分枝扦插繁殖。

采食时间：8~9月采割。

食用部位：嫩茎叶可食，全草入药。

马齿苋 + 鸡肉 + 枸杞　　清淡开胃，促进子宫收缩并增加抵抗力，对于产后复原的效果甚佳。

马齿苋 + 莲藕　　有清热止血、拔毒祛寒之效。

马齿苋 + 鸡蛋　　有清热解毒、止泻痢、除肠垢、益气补虚的功效。

马齿苋 + 芡实 + 瘦肉　　有清热解毒、祛湿止带的功效。

## 食疗价值

**利水消肿**

马齿苋含有大量的钾盐，具有良好的利水消肿作用；钾离子还可直接作用于血管壁上，促使血管壁扩张，阻止动脉管壁增厚，从而起到降低血压的作用。

**消除尘毒**

马齿苋能消除尘毒，防止吞噬细胞变性和坏死，并且还可防止淋巴管发炎和阻止纤维性变化，杜绝矽结节形成，针对白癜风也有一定的疗效；马齿苋还含有较多的胡萝卜素，能促进溃疡病的愈合。

**杀菌消炎**

马齿苋对痢疾杆菌、伤寒杆菌和大肠杆菌有很强的抑制作用，可适用于各种炎症的辅助治疗，素有"天然抗生素"之称。

## 人群宜忌

☑痢疾 ☑肠炎 ☑肾炎 ☑产后出血 ☑便血 ☑高血糖 ☑高血压 ☑乳腺炎 ☑带下

## 实用偏方

**赤白带下**

取250克马齿苋捣烂绞汁，2个鸡蛋，取其蛋清与马齿苋搅匀，用沸水冲开，每日分2次服用。7日为一个疗程。

**尿血便血**

将马齿苋和鲜藕分别绞汁，然后取等量的汁液混匀，每次服2匙。脾胃虚弱者慎食。

**痢疾便血**

取250克马齿苋，60克粳米。先将马齿苋切碎备用，在粳米中加适量的水煮成稀粥，然后放入切碎的马齿苋，煮熟即可。

# 蕨菜

## 清热解毒，润肠化痰

　　蕨菜味甘性寒，具有解毒、清热、润肠、化痰等功效，经常食用可降低血压、缓解头晕失眠。蕨菜还可以止泻利尿，具有下气通便、清肠排毒的作用，还可辅助治疗风湿性关节炎。其含有丰富的膳食纤维对麻疹、流感有预防作用。

**分布情况一览：**
蕨菜在我国分布较广，种类很多。

**主产地：**
河北、辽宁、内蒙古、吉林、贵州、湖南、山东、广西、甘肃、安徽。

蕨菜一般株高达1米，根的形状长而横走，有黑褐色绒毛。

早春新生叶拳卷，呈三叉状。柄叶鲜嫩，上披白色绒毛，此时为采集期。叶片呈三角形，下部羽片对生，叶缘向内卷曲。

**营养成分**
（以100g为例）

| | |
|---|---|
| 脂肪 | 0.40g |
| 蛋白质 | 1.60g |
| 热量 | 39.00cal |
| 碳水化合物 | 9.00g |
| 膳食纤维 | 1.80g |
| 维生素C | 23.00mg |
| 维生素E | 0.78mg |

## 食用方法

蕨菜可鲜食或晒干菜，制作时用沸水烫后晒干即成。吃时用温水泡发，再烹制各种美味菜肴；鲜品在食用前也应先在沸水中浸烫一下后过凉，清除其表面的黏质和土腥味，炒食适合配以鸡蛋、肉类。

## 药典精要

《食疗本草》："补五脏不足，气壅经络筋骨间，毒气。"

《草医草药简便验方汇编》："先将患处用水或酒洗净，将蕨粉撒上或以甘油调擦。可治湿疹。"

《浙汇天目山药植志》："蕨粉150~200克，先用冷水少许调匀，加红糖，开水冲服，可治泻痢腹痛。"

**小贴士：**
蕨菜种植一次可采收15~20年，每年5~6月份采收。当苗高25~40厘米、叶柄幼嫩、小叶尚未展开时，即应采收。10~15天后采收第二次，一年可连续采收2~3次。

## 饮食有方

**小档案**

性味：性寒，味甘、微苦。
习性：多生长在山区土质湿润、肥沃、土层较深的向阳坡上，多分布于稀疏针阔混交林，野生在林间、山野、松林内。
繁殖方式：孢子繁殖和根茎分株繁殖。
采食时间：春季。
食用部位：未展开的幼嫩叶芽。

蕨菜 + 木耳 + 猪瘦肉 　滑肠利道，适用于缓解肠燥便秘或大便不利等症。

蕨菜 + 胡萝卜丝 + 海米 　具有养肝明目、清热解毒、提高食欲和增强体质的功效。

蕨菜 + 萝卜 　具有逐水消肿、通利二便、解毒散结的功效。

蕨菜 + 猪肉 + 辣椒 　具有健脾益气、增强体质和抗病能力的功效。

## 食疗价值

**抑制细菌**

蕨菜中的蕨菜素对细菌有一定的抑制作用，可用于发热不退、肠风热毒、湿疹、疮疡等病症，具有清热解毒、杀菌清火之效。

**下气降压**

蕨菜含有能扩张血管的有效成分，降低血压；其所含的粗纤维能促进胃肠蠕动，具有下气通便的作用。

**杀菌消炎**

蕨菜还有清肠排毒之效，民间常用蕨菜治疗泄泻痢疾及小便淋漓不通，有一定的辅助作用。

**增强体质**

蕨菜可以制成粉皮、粉长代谷粮充饥，具有补脾益气、强健机体、增强抗病能力的效果。

## 人群宜忌

☑ 蕨菜适宜高热神昏 　☑ 筋骨疼痛 　☑ 肠风热毒 　☑ 排尿不利 　☑ 妇女湿热带 　☑ 老人、虚人津血不足

## 实用偏方

**泻痢腹痛**

蕨粉 200 克，先用冷水少许调匀，加红糖，开水冲服。

**湿疹**

先将患处用水或酒洗净，将蕨粉撒上或以甘油调擦。

**肠燥便秘**

蕨菜 15 克，以水浸漂后切段；木耳 6 克，用水泡胀；猪瘦肉 100 克，切片，用湿淀粉拌匀，待锅中食油煎熟后放入，炒至变色，即加入蕨菜、木耳、盐、酱油、醋、白糖、泡姜、泡辣椒等翻炒均匀食。

# 豆瓣菜

## 清热止咳，清心润肺

豆瓣菜性凉味甘，常吃能清心润肺，可以辅助治疗肺痨，对肺痨、肺燥肺热所致的咳嗽、咯血、鼻出血、月经不调也有较好疗效。女士可以在月经前食用一些，对痛经、月经过少等症状起到防治作用。

**主产地：**
广东、广西、福建、上海、四川、云南。
**特殊用途：**
可盆栽观赏，主要用于园林水景边缘和浅水区绿化。

奇数羽状复叶互生，深绿色，叶羽状深裂，卵形或宽卵形。

十字花科豆瓣菜属多年水生草本。总状花序，花细小，两性花，花冠白色。

全株无毛，多分枝，茎中空，浸水茎匍匐，节节生根，多分枝。

## 食用方法

豆瓣菜在整个生长季节都可采集其嫩茎叶食用。其他季节食用需去除老硬的部分。吃法也多种，可以用开水烫过后凉拌、炒食，也可做汤、做馅和腌制、干制、酱制、泡渍。更以作西餐配菜为常见。

### 营养成分（以100g为例）

| | |
|---|---|
| 维生素C | 50mg |
| 蛋白质 | 2.9g |
| 钙 | 43mg |
| 磷 | 17mg |
| 铁 | 0.6mg |
| 钾 | 179mg |

## 养生食谱

### 鲫鱼豆瓣菜汤

材料：绿豆 50 克，豆瓣菜、胡萝卜各 100 克，鲫鱼 1 条，姜、高汤、盐各适量。
制作：1.胡萝卜、姜去皮切片；鲫鱼洗净，豆瓣菜洗净；绿豆淘净。2.砂煲上火，将材料全放入煲内，倒入高汤，炖约 40 分钟，放入豆瓣菜稍煮，调盐即可。
功效：具有清热解毒、利尿通淋的功效。

**小贴士：**
豆瓣菜食法有很多，十分鲜嫩，不宜烹得过烂，否则既影响口感，又造成营养损失。
挑豆瓣菜时，以嫩而粗壮的为上选。如果茎太细太长意味着已经变老，最好不要购买。豆瓣菜不耐贮藏，宜鲜食。

## 饮食有方

**小档案**

性味：性寒，味甘微苦。

习性：性喜凉爽，忌高温，常野生于水中、水沟边、山涧河边、沼泽地或水田中。

繁殖方式：老茎和种子繁殖。

采食时间：春夏。

食用部位：嫩茎叶。

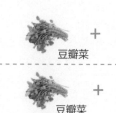 +

豆瓣菜 + 牛肉

搭配煲汤，有开胃暖胃的效果，冬天养生必备。

豆瓣菜 + 猪瘦肉

具有健脾养胃的功效，可增加食欲。

豆瓣菜 + 红枣

两者同食，有润肺止咳、下气平喘的功效。

## 食疗价值

**通经防癌**

研究表明，豆瓣菜有调经的作用，女性在月经前食用一些，就能对痛经、月经过少等症状起到防治作用，并能干扰受精卵着床，阻止妊娠，可作为避孕、调经的辅助食物使用。近来发现，豆瓣菜可让乳腺癌细胞缺乏氧气和血液的提供而死亡，对乳腺癌有一定的预防作用。

**清燥润肺**

中医认为，豆瓣菜味甘微苦，性寒，入肺、膀胱。具有清燥润肺、化痰止咳、利尿等功效，是治疗肺痨的理想食物。多食可益脑健身，属于保健蔬菜。秋天常吃些豆瓣菜，对呼吸系统十分有益。

## 人群宜忌

| ☑ 咯血 | ☑ 月经不调 | ☒ 脾胃虚寒 | ☑ 肺气虚寒 | ☒ 大便溏泄 | ☒ 孕妇 | ☒ 寒性咳嗽者 |

## 实用偏方

**口干咽痛**

豆瓣菜 500 克，猪骨 250 克，煮汤饮食。

**肺热咳嗽**

豆瓣菜 500 克，猪肺 500 克，南杏仁 15 克，煮汤食用。

**肠燥便秘**

豆瓣菜 50 克，蜜枣 6 枚，用清水适量共煮汤，煮熟后食用。

**化痰止咳**

猪蹄肉 500 克，罗汉果半个，豆瓣菜 700 克，南杏仁，炖汤服用。

# 水芹

## 平肝清热，凉血止血

　　水芹可辅助治疗高血压、头晕、暴热烦渴、黄疸、水肿、小便热涩不利、妇女月经不调、赤白带下、瘰疬、痄腮等病症。还对血管硬化、神经衰弱、头痛脑胀、小儿软骨症等都有辅助治疗作用，并可缓解肝火上攻引起的头胀痛。

**主产地：**

河南、江苏、浙江、安徽、江西、湖北、湖南、四川、广东、广西、台湾。

**适用人群：**

一般人群均可食用，动脉硬化、糖尿病患者及经期妇女尤其适用。

全株高 15~80 厘米，茎直立或基部匍匐，杆有数条槽纹。

叶片 1~2 回羽状分裂；小叶或裂片卵圆形至菱状披针形，边缘具大小不等的尖齿或圆齿状锯。

### 食用方法

夏季采集嫩叶洗净后用开水烫一下，捞出切段或末，可炒食或做配料，也可作馅心。芹菜叶中维生素 C 比茎多，可凉拌后食用、做汤。长期食用可以帮助睡眠，润泽肌肤。

**营养成分**
（以100g为例）

| 蛋白质 | 1.8g |
| --- | --- |
| 碳水化合物 | 1.6g |
| 粗纤维 | 1.0g |
| 脂肪 | 0.24g |
| 磷 | 61mg |
| 钙 | 160mg |
| 铁 | 8.5mg |

### 药典精要

《千金·食治》："益筋力，去伏热。治五种黄病，生捣绞汁冷服一升，日二。崔禹锡《食经》："利小便，除水胀。孟诜：食之养神益力，杀石药毒。"

《本草拾遗》："茎叶捣绞取汁，去小儿暴热，大人酒后热毒、鼻塞、身热，利大小肠，常服还可降血压，改善贫血。"

**小贴士：**

以大小整齐，不带老梗、黄叶和泥土，叶柄无锈斑，虫伤、色泽鲜绿或洁白，叶柄充实肥嫩者为佳。另外，挑选水芹时，掐一下菜的杆部，易折断的为嫩水芹。水芹菜叶富含维生素 C 吃时不要把嫩叶扔掉。

## 饮食有方

**小档案**
性味：性凉，味甘、苦。
习性：性喜凉爽，忌炎热干旱，水沟里、池塘边、溪水边多有分布。
繁殖方式：无性繁殖。
采食时间：夏季。
食用部位：嫩茎叶可食，全株入药。
**禁忌**
芹菜性凉质滑，故脾胃虚寒、肠滑不固者、血压偏低者慎食。

水芹　＋　番茄
二者都是降压食材，同食还可健胃消食。

水芹　＋　核桃
中医中，核桃是乌发养发佳品，二者同食可润发、明目。

水芹　＋　豆腐　＋　牛肉
健脾利尿，降压。

水芹　＋　红枣
有滋润皮肤、抗衰老、养血养精的效果。

## 食疗价值

**降压降脂**
水芹中含酸性的降压成分，是非常不错的降压食材，特别适合高血压、高脂血症患者使用。

**利尿消肿**
水芹中含有一种利尿成分，可帮助消除体内钠潴留，利尿消肿。

**预防肠癌**
水芹中纤维素含量较高，在人体消化后会产生一种木质素或抗氧化物质，通便排毒，可抑制肠内细菌产生的致癌物质。

**改善贫血**
水芹菜含铁量较高，可适用于妇女经期补血，能有效改善缺铁性贫血症状。

## 人群宜忌

☒ **故脾胃虚寒者**　　☒ **肠滑不固者**　　☒ **血压偏低者**　　☒ **计划生育的男性**

## 实用偏方

**小便淋痛，小便不利**
水芹菜白根者，去叶捣汁饮服，或水煎服。

**小便出血**
水芹适量，洗净捣烂，取汁半碗，调红糖适量服。

**疟腮**
鲜水芹适量，捣烂取汁，加酸醋，外搽患处。

**血压病，眩晕头痛，面红目赤，血淋，痛肿**
用鲜芹菜 500 克，捣取汁，开水冲服，每日 1 剂。

# 地笋

## 活血化淤，行水消肿

地笋具有祛脂降压、利尿消肿、补血益气、活血祛淤、提高免疫力等功效。中医认为，地笋主治衄血、吐血、产后腹痛、黄疸、水肿、带下、气虚乏力等症。食用地笋还有防治肝癌、胃癌、肺癌等作用。

**主产地：**
黑龙江、吉林、辽宁、河北、陕西、四川、贵州、云南。

**特殊用处：**
植株直立整齐，可植于湿地沟边观赏。

茎直立，不分枝，四棱形，节上多呈紫红色，无毛或在节上有毛丛。

叶对生，长圆披针形，基部楔形，叶缘有深锯齿，叶背有凹腺点。

轮伞花序多花，腋生。花萼钟形，两面无毛，花冠钟形白色，外面无毛，有黄色发亮的腺点，花柱伸出于花冠外，无毛。

### 营养成分
（以100g为例）

| | |
|---|---|
| 蛋白质 | 4.3g |
| 脂肪 | 0.7g |
| 碳水化合物 | 13.7g |
| 纤维素 | 4.7g |
| 钙 | 297mg |
| 磷 | 62mg |
| 钾 | 416mg |

## 食用方法

采摘嫩茎叶，可凉拌、炒食或做汤；晚秋以后采挖出的地笋，可鲜食或与鸡肉、猪肉等肉类一起炒食，或做酱菜等，也可与枸杞、粳米同煮成粥。

## 药典精要

《本草经疏》："地笋，苦能泄热，甘能和血，酸能入肝，温通营血。佐以益脾土之药，而用防己为之使，则主大腹水肿，身面四肢浮肿，骨节中水气。"

《本草通玄》："地笋，芳香悦脾，可以快气，疏利悦肝，可以行血，流行营卫，畅达肤窍，遂为女科上剂。"

**小贴士：**
干品地笋的制法与吃法：选取新鲜的地笋，采收清洗，蒸煮后晒成干品。晒干的地笋必须经油炸泡后才能嚼得动。将地笋放入开水锅中煮两分钟再油炸，会更鲜亮。

## 饮食有方

**小档案**

性味：性温；味甘辛。

习性：喜温暖湿润，耐寒，不怕水涝，喜肥。

繁殖方式：根茎、种子繁殖，生产上以根茎繁殖为主。

采食时间：春夏可采摘嫩茎叶；晚秋以后采挖地笋。

食用部位：嫩叶、葡匐茎。

 地笋 ＋  枸杞

地笋和枸杞同食可满足补血养气之需。

地笋 ＋  大虾

地笋和大虾本身的营养非常丰富，搭配食用强身健体且增强食欲。

地笋 ＋  排骨

降血脂，利关节，养气血。

## 食疗价值

**补充能量**

新鲜地笋中含有丰富的淀粉、蛋白质以及多种矿物质，还含有泽兰糖、葡萄糖、丰乳糖、蔗糖、水苏糖等多种对人体有益的糖分，可为人体提供丰富的能量，增强免疫力。

**补养气血**

地笋有活血化淤、消除水肿、促进新陈代谢、养气补血的作用，女性食用地笋补益作用更为显著，可有效改善月经不调、闭经、痛经、产后淤血腹痛、水肿等症状。

**防癌抗癌**

地笋防癌抗癌的功能与冬虫夏草相当，尤其是野地笋，素有"地笋之王"之称。经常食用地笋有防治肝癌、胃癌、肺癌等作用。

## 人群宜忌

| ☑ 产后腹痛者 | ☑ 孕妇 | ☑ 乳母 | ☑ 儿童青少年 | ☑ 老人 | ☒ 胃炎 | ☒ 肠炎患者 |
|---|---|---|---|---|---|---|

## 实用偏方

**水肿**

地笋干品 10~15 克，配防己煎汤服用。

**产后恶露不尽、少腹作痛**

配生姜、当归、芍药、甘草、干地黄等，如泽泻汤。

**产后淤血腹痛**

地笋 30 克，赤芍 10 克，当归 9 克，乳香 9 克，没药 9 克，桃仁 9 克，红花 6 克。水煎服，每日 1 剂。

**闭经**

地笋 30 克，赤芍 10 克，熟地 30 克，当归 9 克，益母草 30 克，香附 9 克。水煎服，每日 2 剂。

# 紫苏

## 散寒解表，理气和中

紫苏叶具有散表寒，发汗力的功效，常用于风寒表证，见恶寒、发热、无汗等症。紫苏叶还有行气安胎的功能，常配砂仁、陈皮同用，能辅助治疗妊娠恶阻、胎动不安症。紫苏叶也常用于缓解脾胃气滞、胸闷、呕恶等症，效果均佳。

**主产地：**
浙江、江西、湖南。

**特殊用途：**
其叶、梗、果均可入药；紫苏子可榨油。紫苏忌与鱼同食，可生毒疮。

叶阔卵形或圆形，先端短尖或突尖，基部圆形或阔楔形，边缘在基部以上有粗锯齿、膜质或草质。

轮伞花序2花，密被长柔毛、偏向一侧的顶生及腋生总状花序，花萼钟形。

茎四棱形，紫色、绿紫色或绿色，有长柔毛，以茎节部较密。

### 营养成分
（以100g为例）

| | |
|---|---|
| 脂肪 | 1.30g |
| 蛋白质 | 3.80g |
| 铜 | 4mg |
| 硫胺素 | 0.02mg |
| 烟酸 | 1.30mg |
| 锰 | 1.38mg |
| 铁 | 8.10mg |

### 食用方法

春季采集嫩苗，洗净后用沸水烫一下，清水漂洗后用来炒食、凉拌、做汤或腌渍食用。嫩根茎需在秋季彩瓦，洗净去杂后可凉拌、炖食、腌制等。

## 养生食谱

### 紫苏砂仁鲫鱼汤

材料：砂仁各10克，枸杞子叶500克，鲫鱼1条，姜片、盐、香油各适量。

制作：1. 枸杞子叶洗净切段；鲫鱼收拾干净；砂仁洗净，装入棉布袋中。2. 将所有材料和药袋一同入锅，加水煮熟，去药袋，淋香油即可。

功效：具有温胃化湿、止呕安胎之效。

**药典精要：**

《日华子本草》："补中益气。治心腹胀满，止霍乱转筋，开胃下食，止脚气。"

《本草图经》："通心经，益脾胃。"

《本草纲目》："气宽中，消痰利肺，和血，温中，止痛，安胎。"

## 饮食有方

### 小档案
性味：性温；味辛。
习性：喜温暖湿润，耐湿，耐涝性较强，不耐干旱。
繁殖方式：种子。
采食时间：春季。
食用部位：幼苗、嫩根茎。

禁忌
气虚、阴虚久咳、脾虚便溏者忌食。

 ＋

鲜紫苏叶 　　 鸭肉

减少鸭肉的寒气，起到更好的滋阴补虚之效。

鲜紫苏叶 　　 大蒜

具有行气健胃、帮助消化、发汗祛寒之效。

鲜紫苏叶 　　 蟹 　　 生姜

解鱼蟹毒，减少蟹的寒性。

## 食疗价值

### 宽肠下气
紫苏的子含有丰富的脂肪、蛋白质等营养成分，脂肪多为亚麻酸、亚油酸、油酸组成，可用于心血管疾病的辅助治疗。苏子还具有下气、消痰、润肺、宽肠的功效。适用于老年人因肺气较虚，易受寒邪而引起的胸膈满闷、咳喘痰多、食欲不振及老年心血管病患者食用。

### 提高免疫
紫苏叶含有多种营养成分，尤其是富含胡萝卜素、维生素 C 和维生素 $B_2$ 有助于强增人体免疫功能，增强人体抗病防病的能力。

### 缓解海鲜过敏
单味紫苏煎服，或配合生姜同用，可缓解食用鱼虾蟹中毒引起的吐泻腹痛。食用不新鲜的海鲜食物产生过敏症状，生吃紫苏叶，可以缓解快速减轻瘙痒症状。

## 人群宜忌

☑ 外感风寒　☑ 肠炎　☑ 水肿　☒ 阴虚久咳　☒ 脾虚便溏者　☒ 孕妇

## 实用偏方

### 外感风寒头痛
紫苏叶 10 克，桂皮 6 克，葱白 10 克，水煎服。

### 急性胃肠炎
紫苏叶 10 克，藿香 10 克，陈皮 6 克，生姜 3 片，水煎服。

### 水肿
紫苏梗 20 克，蒜头连皮 1 个，老姜皮 15 克，冬瓜皮 15 克，水煎服。

### 妊娠呕吐
紫苏茎叶 15 克，黄连 3 克，水煎服。

# 薄荷

## 疏散风热，清利头目

薄荷可辅助治疗干咳、气喘、支气管炎、肺炎、肺结核等病症，还可用来消除消化道疾病，如胀气、胃痛及胃灼热等症。现代医学常用其治疗感冒、头痛、咽喉痛、口舌生疮、风疹、麻疹、胸腹胀闷等病症。

**分布情况一览：**
全国大部分地区均产。

**适用人群：**
外感风热，头痛目赤，咽喉肿痛，口疮口臭。牙龈肿痛者宜食。

茎直立有四棱，上部被倒向微柔毛，下部仅沿棱上被柔毛，多分枝。

花朵较小，花呈红、白或淡紫色，花冠外面略被微柔毛，长圆形，先端钝。

叶子对生，长圆状披针形，先端锐尖，基部楔形至近圆形，边缘在基部以上疏生粗大的齿状锯齿。

## 食用方法
薄荷主要食用部位为茎和叶，也可榨汁服。春季采集嫩茎叶，用水焯熟后可凉拌，也可炒食或炖汤。在食用上，薄荷既可作为调味剂，又可作香料，还可配酒、冲茶等。

**营养成分**
（以100g为例）

| | |
|---|---|
| 碳水化合物 | 6.60g |
| 蛋白质 | 4.40g |
| 纤维素 | 5.00g |
| 维生素C | 6.00mg |
| 镁 | 133.00mg |
| 钙 | 341.00mg |
| 钾 | 677.00mg |

### 养生食谱

**薄荷绿豆豆浆**
材料：薄荷15克，绿豆30克，黄豆50克，白糖适量。
制法：1. 黄豆、绿豆分别洗净，泡发；薄荷用温水泡开。2. 将以上食材全部倒入豆浆机中打成豆浆，过滤后调入白糖，即可。
功效：此款薄荷豆浆有醒脑消暑、疏散风热之效。

**药典精要：**
《药性论》："去愤气，发毒汗，破血止痢，通利关节。"
《千金·食治》："却肾气，令人口气香洁。主辟邪毒，除劳弊。"
《唐本草》："主贼风，发汗。（治）恶气腹胀满。霍乱。"

## 饮食有方

**小档案**
性味：性凉味辛。
习性：喜温暖、湿润气候。
繁殖方式：种子、扦插、分枝和根茎繁殖。在生产上，一般采用根茎繁殖法。
采食时间：春季。
食用部位：嫩茎叶。

 +

薄荷　　　　柠檬

具有润肺、消炎、降压的功效。

 +

薄荷　　　　乌梅

排毒养颜、降脂、抗衰老。

薄荷　　　　紫苏　　　　鸡肉

具有健胃消食、抗感冒的功效。

## 食疗价值

**疏表散热**
薄荷味辛性凉，归肺、肝经，常与金银花、连翘等配伍，能疏散肌表及上焦风热，用以治疗风热侵袭肌表，或温病初起时，症见发热、微恶风寒、头身疼痛等。

**清咽利喉**
薄荷不仅能发散风热，还可以清头目，利咽喉。用以辅助治疗风热上犯而致头痛目赤、咽喉肿痛。

**解表透疹**
薄荷轻宣外达，解表透疹，常与葛根、牛蒡子等配伍应用，亦可治风疹瘙痒。

**疏肝解郁**
薄荷中所含的挥发性物质，可以起到疏肝解郁之效。

## 人群宜忌

☒ 发汗耗气者　　☒ 故阴虚血燥者　　☒ 肝阳偏亢者　　☒ 表虚汗多者　　☒ 脾胃虚寒者　　☒ 腹泻便溏者

## 实用偏方

**感冒发热**
薄荷 10 克，金银花 15 克。沸水浸泡，代茶饮。金银花也可换做菊花。

**鼻血不止**
用薄荷汁滴入鼻中，或以干薄荷水煮，棉球裹汁塞鼻。

**火寄生疮如灸，火毒气入内，两股生疮，汁水淋漓**
薄荷煎汁频涂。

**皮肤隐疹不透，瘙痒**
薄荷叶 10 克、荆芥 10 克、防风 10 克、蝉蜕 6 克，水煎服。

# 藿香

## 祛暑解表，化湿和胃

藿香味辛、芳香升散，具有祛暑解表、化脾湿、理气和胃的功效；主治外感暑湿、寒湿、湿温及湿阻中焦所致寒热头昏、胸脘痞闷、食少身困、呕吐泄泻，并辅助治疗妊娠恶阻、胎动不安、口臭、鼻渊、手足癣等症。

**主产地：**
四川、江苏、浙江、湖北、云南。
**适用人群：**
适宜外感风寒、内伤湿滞、头痛昏重、呕吐腹泻者、中暑、晕车者。

叶对生，心状卵形或长圆状披针形，叶柄细长，叶脉上有毛，叶端长尖，边缘具粗锯齿。

花多为淡紫色或红色，花冠呈唇形。

小坚果呈黄褐色、倒卵形，具有三棱，顶端有绒毛。

### 营养成分（以100g为例）

| 维生素B$_2$ | 4mg |
| --- | --- |
| 烟酸 | 3.5mg |
| 铁 | 7.4mg |
| 硫胺素 | 0.05mg |
| 钙 | 436mg |
| 镁 | 264mg |
| 锰 | 38.6mg |

## 食用方法

3~6 月份采集能掐断的嫩茎叶，用沸水氽烫后，清水漂净以去除异味，可与其他菜品一起炒食，或加入调料凉拌。可作增香调味品，用于制作烹制肉类、肉汤和泡水饮用。

## 药典精要

《本草图经》："治脾胃吐逆，抗病毒，养肝护胃，为最要之药。"
《汤液本草》："温中快气。肺虚有寒，上焦壅热，饮酒口臭，煎汤漱。"
《本草述》："散寒湿、暑湿、郁热、湿热。治外感寒邪，内伤饮食，或者饮食伤冷湿滞、山岚瘴气、不服水土、寒热作疟等症。"

**小贴士：**
石牌藿香产期长、加工讲究，具有茎壮，枝叶密被毛茸，气清香醇为优；高要藿香产期短，而体形略大，叶质稍薄，气香而不醇，质尚可；海南藿香则产期较短，加工粗放，而枝条弯曲，气香而浊，质较逊。

## 饮食有方

小档案
性味：性微温，味辛。
习性：喜高温湿润。
繁殖方式：种子、扦插繁殖。
采食时间：3~6月。
食用部位：嫩茎叶。

禁忌
风热感冒者、咳吐黄痰者不宜服用藿香。

藿香　＋　粳米　具有理气和胃、帮助消化、预防感冒的功效。

藿香　＋　薄荷　＋　鸡肉　清热解毒、祛痰止咳。

藿香　＋　鱼　清热解毒、化湿健脾。

## 食疗价值

**促进消化**
藿香全草含挥发油，可促进胃液分泌而帮助消化，以全草入药有解暑化湿、行气和胃作用；对常见的致病性皮肤真菌有抑制作用。

**养护肠胃**
喜欢食用麻辣、油腻且肠胃不好者，饭后食用一些藿香煎汤可养护肠胃。

**抗病毒**
藿香中的黄酮类物质有抗病毒作用。从藿香中分离出来的黄酮类物质可以抑制消化道及上呼吸道病原体，起到防病作用。

## 人群宜忌

☒ 发热明显者　☒ 鼻流浊涕者　☒ 咽喉肿痛者　☒ 咳吐黄痰症状者　☒ 阴虚火旺者　☒ 舌降光滑者

## 实用偏方

**防晕车、晕船**
乘坐车、船前，可用药棉蘸取藿香正气水敷于肚脐内，也可在乘车前5分钟口服一支藿香正气水（儿童酌减），可预防晕车晕船。

**足癣**
将患足用温水洗净擦干，将藿香正气水涂于足趾间及其他患处，早晚各涂一次。治疗期间最好穿透气性好的棉袜、布鞋，保持足部干燥。5天为一疗程，一般1~2个疗程即可见效。

**湿疹**
每日用温水清洗患处后，直接用藿香正气水外涂患处，每天3~5次，连用3~5天。

# 刺五加

## 补肾强志，养心安神

刺五加能兴奋性腺，提高性机能，对垂体肾上腺系统的功能有保护作用。并且能提高脑力和体力劳动效率，具有抗炎、抗利尿作用，对肿瘤也有一定抑制作用，还有镇静作用，可用来辅助治疗失眠，刺五加还有祛痰平喘的功效。

**主产地：**
东北地区及河北、北京、山西、河南等地。

**特殊用处：**
将马铃薯切成细条与五加嫩芽炒菜。种子可榨油，制肥皂用。

伞形花序单个顶生，花梗长无毛或基部略有毛，花紫黄色，萼无毛，花瓣卵形，花柱全部合生成柱状。

全株高1~6米，分枝多，茎通常被密刺并有少数笔直的分枝。

叶，有短柄，上面有毛或无毛，椭圆状倒卵形至矩圆形。

## 食用方法

叶子晒干后可泡茶饮用。春季采摘鲜嫩芽去杂洗净，沸水焯过后换清水浸泡一天，以去除异味，供炒、凉拌或蘸酱食用，也可腌制成酱菜或咸菜，或裹面糊油炸。

## 营养成分
（以100g为例）

| | |
|---|---|
| 胡萝卜素 | 5.4mg |
| 维生素C | 121mg |

## 养生食谱

### 刺五加粥

材料：大米80克，白糖3克，葱花、刺五加各适量。

制作：1. 取大米洗净泡发备用。2. 锅中加入适量清水、大米、刺五加同煮。3. 粥将熟时调入白糖，稍煮撒上葱花即可。

功效：刺五加、大米合熬为粥，有补中、益精、强意志的功效。

**小贴士：**
药材呈长筒状，多为双卷，少数为片状。外表面灰褐色，有纵向稍扭曲的竖沟及横向长圆形皮孔，内表面淡灰黄色或灰黄色，质轻而脆，易折断，断面不整齐，淡灰白色。

## 饮食有方

小档案
性味：性温，味辛、微苦。
习性：喜温暖湿润气候，
耐寒、耐微荫蔽。
繁殖方式：种子、扦插
及分株繁殖。
采食时间：春天采集嫩
枝芽。
食用部位：嫩枝芽可食，
也可入药。

 刺五加 +  糯米 ｜ 温补脾肾，强壮筋骨，益气散寒，抗疲劳。

 刺五加 +  牛肉 ｜ 缓解头晕目眩，手足麻木，甚则痹痛，面色少华，舌淡红、苔薄白，脉细缓等劳痹症。

 五加叶 +  鸡肉 ｜ 适用于体虚、肿痛、咽痛、目赤、风疹等病症。

## 食疗价值

**活血生血**
刺五加中的提取物有扩张血管，改善大脑血量，对血压具有双向调节作用，同时还可以抗疲劳、抗辐射、补虚弱、增强骨髓造血功能，具有活血生血作用。

**益智安神**
刺五加的抗氧化能力是维生素 E 的 5 倍，可提高人体的氧气吸收量，调节中枢神经系统的兴奋和抑制过程，有益智和安神作用。

**强身健体**
刺五加能增强机体非特异性抵抗力，并有抗疲劳作用；能增强大脑皮层兴奋与抑制作用，其兴奋作用较人参强，能提高脑力和体力劳动效率。

## 人群宜忌

☑ **高血压** ☑ **低血压患者** ☑ **高血脂** ☑ **咳喘病患者** ☑ **体虚乏力** ☑ **食欲不振** ☒ **阴虚火旺者**

## 实用偏方

**黄褐斑**
刺五加片每次 3 片，每日 3 次，30 日为 1 疗程，坚持 3~6 个疗程。

**肾虚阳痿**
刺五加、淫羊藿各等分，用 4~5 倍药量的白酒浸渍。每次饮 1~2 杯。

**补气安神**
刺五加 100 克，远志 60 克，共研为细末。每次 3~5 克，用温水送服。

**利水消肿**
常配合茯苓皮、大腹皮、生姜皮、地骨等药同用，煎水服用。

# 榆钱

## 健脾安神，清心降火

　　榆钱具有健脾安神、清心降火、止咳化痰、利水杀虫等功效，对失眠、食欲不振、小便不利、水肿、烧烫伤及妇人带下、小儿疳积等病症有明显治疗作用。尤适用于脾气虚弱、大便溏泄、肢倦乏力等症。也可辅助治疗疮癣等症。

**分布情况一览：**
黄河流域最为多见。

**特殊用处：**
榆木木性坚韧，纹理通达清晰，经烘干、整形、雕磨髹漆、可制作精美的雕漆工艺品。

单叶互生，卵状椭圆形至椭圆披针形，缘多重锯齿。

苞片离生，近圆形，全缘，呈榆钱状，表面具网状脉纹。种子肾形，绿褐色。

树苗高 60~200 厘米，无粉或幼嫩部分稍被粉，茎直立，粗壮，多分枝。

## 食用方法

榆钱最适宜生吃，鲜嫩脆甜；洗净后与大米或小米煮粥，滑润喷香；拌以玉米面或白面做成窝头，上笼蒸熟，则香甜柔软；而切碎后加虾仁、肉或鸡蛋，做成馅来包饺子、蒸包子、煎饼卷。

### 营养成分
（以100g为例）

| 蛋白质 | 4.8g |
|---|---|
| 脂肪 | 0.4g |
| 纤维 | 4.3g |
| 碳水化合物 | 3.3g |
| 维生素B$_1$ | 0.04mg |
| 维生素B$_2$ | 0.12mg |

## 养生食谱

### 蒸榆钱

材料：榆钱200克，面粉20克，凉拌醋、盐、蒜泥各适量。

制法：1.榆钱洗净，放盆中倒入干面粉搅拌均匀，调入少许盐，拌匀。2.把榆钱上锅蒸10分钟左右。3.取小碗倒进蒜泥，调入凉拌醋、盐拌匀，浇在榆钱饭上即可。

功效：蒸榆钱可健脾和胃，治食欲不振。

**药典精要：**
《本草拾遗》："主妇人带下，和牛肉作羹食之，小儿疳积。"
《宝庆本草折衷》："疗小儿火疮痂疕，烧烫伤，及杀诸虫。"
《本草省常》："养肺益脾，下恶气，利水道，久食令人身轻不饥。"

## 饮食有方

### 小档案
性味：性平，味甘，微辛。
习性：阳性树种，喜光，耐旱、耐寒，不择土壤。生于河堤、田埂和路边；山麓、沙地上亦有生长。
繁殖方式：播种繁殖。
采食时间：3 月下旬至 4 月中旬。
食用部位：幼嫩叶、嫩果。

榆钱 ＋ 黄豆

健脾助食，适用于久病体虚、脾胃虚弱、食欲不佳等。

榆钱 ＋ 猪肉

此肴有健脾和胃、补虚安神的功效。

榆钱 ＋ 番茄 ＋ 橙子

健脾补虚、养血安神，可治体虚消瘦、咳嗽痰多、小便不利。

## 食疗价值

**清热安神**
榆钱果实中含有大量水分、烟酸、抗坏血酸及无机盐等，并且含有丰富的矿物质，如钙、磷等，有清热安神之效，可治疗神经衰弱、失眠。

**利尿消肿**
榆钱果实中所含的烟酸、种子油具有清热解毒、杀虫消肿的作用，可杀多种人体寄生虫，同时还可通过利小便而消肿。

**止咳化痰**
榆钱能清肺热、降肺气，尤其是其所含的种子油有润肺止咳化痰之功，故可用于辅助治疗咳嗽痰稠之病症。

**和胃健脾**
榆钱中含有烟酸、抗坏血酸等酸性物质。并且富含矿物质，经常食用具有健脾和胃的功效，可治食欲不振。

## 人群宜忌

☑ 气盛而壅　☑ 喘嗽不眠者　☒ 胃寒气虚者　☒ 孕妇　☒ 胃溃疡患者　☒ 十二指肠溃疡患者

## 实用偏方

**食欲不振，小便不利，口干少津**
榆钱 80 克，西红柿、黄瓜、橘子瓣各 100 克，白糖 40 克。做成水果沙拉。

**体虚羸瘦，咳嗽痰多，小便不利**
榆钱 100 克，西红柿、甜橙、白糖各 50 克，湿淀粉 20 毫克，做汤服。

**身体暴肿满**
榆皮捣屑，随多少，杂米作粥食。

**小儿白秃疮**
榆白皮捣末，醋和涂之。

# 香椿芽

## 清热解毒，健胃理气

香椿芽主治疮疡、脱发、目赤、肺热咳嗽等病症；并涩血止痢，止崩。具有燥湿清热，收敛固涩的功效，常用于久泻久痢、肠痔便血、崩漏带下等病症。香椿含有楝素，可用治蛔虫病、疥癞等。

叶互生，为偶数羽状复叶，小叶长椭圆形，叶端锐尖，幼叶紫红色，成年叶绿色，叶背红棕色，轻披蜡质，叶柄红色。

香椿是多年生的落叶乔木，树皮粗糙，深褐色，片状脱落。

**分布情况一览：**
全国各地均有分布。

**特殊用处：**
木材黄褐色而具红色环带，质坚硬，耐腐力强，为家具及造船的优良木材。

圆锥状花序与叶等长或更长，被稀疏的锈色短柔毛或有时近无毛，小形聚伞花序生于短的小枝上，白色，长圆形。

## 食用方法

香椿的吃法很多，可凉拌、可炒、可煎，还能腌着吃；香椿芽以谷雨前为佳，应吃早、吃鲜、吃嫩；谷雨后，其膳食纤维老化，口感乏味，营养价值也会大大降低。

**营养成分**
（以100g为例）

| 钾 | 172mg |
|---|---|
| 磷 | 147mg |
| 钙 | 96mg |
| 镁 | 36mg |
| 钠 | 4.6mg |
| 维生素C | 40mg |

## 养生食谱

**凉拌香椿**

材料：香椿300克，生抽、辣椒油、盐各适量。

制法：1.将香椿用开水氽烫两分钟，捞出沥干水分，放入盆中。2.拌入生抽、辣椒油、盐调匀，装盘即可。

功效：香椿中含有维生素E和性激素物质，具有抗衰老和补阳滋阴作用。

**小贴士：**
应挑选枝叶呈红色、短壮肥嫩、香味浓厚、无老枝叶、长度在10厘米以内为佳。要选择质地最嫩和最新鲜的香椿芽，食用前一定要用开水氽烫除去大部分的硝酸盐和亚硝酸盐，速冻之前也要经过氽烫。

## 饮食有方

小档案

性味：性凉，味苦平。
习性：喜温、喜光、耐湿，适宜生长于河边、宅院周围肥沃湿润的土壤中，一般以沙壤土为好。
繁殖方式：播种育苗和分株繁殖。
采食时间：春季谷雨前后采摘。
食用部位：嫩芽。

 香椿 +  鸡蛋 抗衰老，滋阴补阳，润滑肌肤。

 香椿 + 豆腐 豆腐是高钙食材，人体钙质充足，有利于稳定情绪，缓解压力。

 香椿 +  杏仁 香椿芽有助于增强机体免疫力，润滑肌肤；杏仁也是养颜佳品，能促进皮肤微循环。

## 食疗价值

**增强免疫**
香椿含有丰富的维生素C、胡萝卜素、钙、镁等物质，可增强机体免疫功能，并能起到润滑肌肤的作用，是保健美容的良好食品。

**健脾开胃**
香椿芽中的香椿素等挥发性芳香族有机物，可健脾开胃、增加食欲，食欲不振者可常食。

**清热利湿**
香椿具有清热利湿、利尿解毒之功效，是辅助治疗肠炎、痢疾、泌尿系统感染的良好食材。

**养颜美容**
香椿富含维生素E，用鲜香椿芽捣取汁液抹面，可治疗面疾、滋润肌肤，具有较好的养颜美容功效，提高机体免疫功能。

## 人群宜忌

☑ **饮食不香者**　☑ **不思纳谷者**　☑ **慢性肠炎**　☑ **痢疾**　☑ **妇女白带频多者**　☒ **慢性疾病患者**

## 实用偏方

**声音嘶哑**
取100克香椿头，将其榨汁饮用，可每日饮1剂，分2次饮用。

**疥疮**
鲜香椿叶适量，加水适量煎5~10分钟，取汤外洗患处，每日数次。

**脾胃虚弱**
取嫩香椿叶、焦三仙各20克，藿香10克，莲子15克，用水煎煮后去渣取汁，每日饮1剂，分2次饮用。

**呕吐**
香椿叶20克、生姜3片，水煎服，每日2次。

第一章 茎叶类野菜

茎叶类野菜 63

# 野菊

## 清热解毒，疏风凉肝

野菊花常用于辅助治疗疔疮、痈疽、瘰疬、丹毒、湿疹、疥癣、风热感冒、咽喉肿痛、眩晕头痛、目赤热痛、高血压等症。其有疏肝破血、抗病毒、去风湿、止头痛、明目、清胆热、退肝火、去疔疮、润肺气之效。

**主产地：**
江苏、四川、广西、山东、河南

**适用人群：**
菊花茶最适合头昏、目赤肿痛、嗓子疼、肝火旺以及血压高的人饮用。

叶互生，卵状三角形或卵状椭圆形，羽状分裂，裂片边缘有锯齿。

头状花序，多数在茎枝顶端排成疏松的伞房圆锥花序或少数在茎顶排成伞房花序，花小，黄色，边缘舌状。

茎直立或铺散，分枝或仅在茎顶有伞房状花序分枝。茎枝被稀疏的毛，上部及花序枝上的毛稍多或较多。

## 食用方法

采集嫩叶及嫩茎，去杂洗净后用沸水浸烫3分钟左右，再用清水浸洗1~2个小时去除苦味，用来做汤、做馅、凉拌、炒食或晒干菜。花朵可泡茶喝。

**营养成分（以100g为例）**

| | |
|---|---|
| 蛋白质 | 3.2g |
| 碳水化合物 | 5.6g |
| 膳食纤维 | 3.4g |
| 磷 | 41mg |
| 钙 | 178mg |

## 药典精要

《本草汇言》："破血疏肝，解疔散毒。主妇人腹内宿血，解天行火毒丹疗。洗疮疥，又能去风杀虫。"
《浙江中药手册》："排脓解毒，消肿止痛。治痈肿疔毒，天泡湿疮。"
《山西中药志》："疏风热，清头目，降火解毒。治诸风眩晕，头痛，目赤，肿毒等症。"

**小贴士：**
颜色发暗的野菊花不要选，这种菊花是陈年老菊花，可能已经受潮了甚至长霉，吃了对身体有害。用手摸一摸，松软的，顺滑的野菊花比较好。花瓣不零乱，不脱落，表明是刚开的野菊花。

小档案
性味：味甘涩，性微凉。
习性：适用性广、耐旱、
耐贫瘠。
繁殖方式：以扦插繁殖
为主。
采食时间：秋季。
食用部位：番薯茎尖：
瓜秧蔓顶端 10~15 厘米
及嫩叶、叶柄。

 野菊花 +  茄子

清热凉血，防癌抗癌。

 野菊花 +  大蒜

清热解毒，适用于温病头痛、
赤眼、痢疾、鼻炎、慢性支气
管炎、咽喉肿痛等病症。

 野菊花 +  鸡蛋

两者同食具有美容养颜，补虚
益气的功效。

## 食疗价值

**清热解毒**
宋代景焕于《牧竖闲谈》中曰："真菊延龄，野菊泄人。"
与白菊花和黄菊花相比，野菊花的性味最为苦寒，清热解毒
功效卓著，一般用于治疗疔疮痈肿、头痛眩晕、目赤肿痛。

**祛风明目**
《增广大草纲目》记载："处州出野菊，土人采其芯而干之，
如半粒绿豆大，甚香而轻，贺黄亮。对败毒、散疔、祛风、
清火、明目为第一。"在夏季，可以用来治疗热疖、皮肤湿
疮溃烂，预防风热感冒。

**抑菌杀毒**
野菊花的水提物及水蒸气蒸馏法提取的蓝绿色挥发油对多种
致病菌、病毒有杀灭或抑制活性，水提取物对金黄色葡萄球
菌、痢疾杆菌、伤寒杆菌等的抑制活性强于挥发油，并有抗
炎、抗氧化、镇痛活性的作用。

## 人群宜忌

☒ **胃疼者**　☒ **腹痛者**　☒ **大便稀烂者**　☒ **孕妇**　☒ **脾胃虚寒者**　☒ **胃纳欠佳**　☒ **肠鸣**

## 实用偏方

**湿疹、皮肤瘙痒**
苦参、白鲜皮、野菊花各 30 克，黄柏、蛇床子各 15 克，煎汁，
倒入浴盆中，加温水至浸渍患处为度，每日 1 次，每次浸泡
30 分钟。

**痔疮**
金银花 50 克，野菊花、蒲公英、紫花地丁各 25 克，紫背
天葵子 15 克，每日 1 剂，水煎后分 2 次服。

**预防感冒、脑炎、百日咳**
野菊花 6 克，用沸水浸泡 20 分钟，代茶饮。

**瘰疬疮肿不破**
野菊花根，捣烂煎酒服之，仍将煎过菊花根为末敷贴。

# 苦菜

## 清凉解毒，消炎利尿

苦菜有清凉解毒、消炎利尿、排脓、去淤、消肿、凉血止血等功效。主治产后腹痛、结肠炎、眼结膜炎等。苦菜还具有明显的杀菌作用，对黄疸性肝炎、咽喉炎、细菌性痢疾、感冒、慢性气管炎、扁桃体炎等均有疗效。

**分布情况一览：**
中国北部、东部和南部。
**特殊用处：**
野生蔬菜无公害、无污染，含有丰富的营养物质，具有独特的风味。

头状花序数枚，顶生，花全部为舌状，花黄色，花萼不明显，花冠白色。

叶互生；长椭圆状广披针形，羽裂或提琴状羽裂，边缘具刺状尖齿。

植物地下茎细长，地上茎直立，密被白色倒生粗生或者仅两侧各有1列倒生粗毛。

### 食用方法

洗净后拌酱调味可以生吃，也可先脱苦，即用沸水漂烫片刻后，用净水浸泡1小时左右，再凉拌或炒食。由于苦菜的季节性较强，可以将其做成罐头，经常食用。

### 营养成分
（以100g为例）

| | |
|---|---|
| 蛋白质 | 2.8g |
| 脂肪 | 0.6g |
| 粗纤维 | 5.4g |
| 食物纤维 | 5.8g |
| 糖类 | 4.6g |

## 药典精要

《嘉祐本草》："调十二经脉，霍乱后胃气烦逆。久服强力，虽冷甚益人。"
《滇南本草》："凉血热，寒胃，发肚腹中诸积，利小便。"
《卫生易简方》："治疗产后腹痛如锥刺，败酱草250克，水4000毫升，煮2000毫升，每服约600毫升，日3服。"

**小贴士：**
苦菜与蒲公英的区别：
蒲公英的花相对较大，花籽成球形，并且基本一个花茎上只有一朵；苦菜则花较小，花籽下部成一小包，花开多头。苦菜花与蒲公英的根本区别是开花抽枝，而蒲公英只抽花茎。

## 饮食有方

**小档案**
性味：性寒，味苦。
习性：抗寒耐热，适应性广，多生长于山坡草地等地方。
繁殖方式：种子繁殖。
采食时间：初春采集嫩芽叶。
食用部位：嫩芽可食，全株入药。

 苦菜 +  猪肉
清热解毒，滋阴润燥，适用于阴虚咳嗽、消渴、痢疾、黄疸、痔漏、便秘等病症。

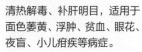 猪肝
清热解毒、补肝明目，适用于面色萎黄、浮肿、贫血、眼花、夜盲、小儿疳疾等病症。

苦菜 + 粳米
具有清热凉血、解毒的功效。

## 食疗价值

**预防贫血**
苦菜中丰富的铁元素有利于预防贫血，多种无机盐和微量元素有利于儿童的生长发育。苦菜中还含有丰富的胡萝卜素、维生素C以及矿物质，对预防和治疗贫血病、维持人体正常的生理活动、促进生长发育和消暑保健有较好的作用。

**增进免疫**
常食苦菜有助于促进人体内抗体的合成，增强机体免疫力，促进大脑机能。

**止痱润肤**
将三月里的苦菜剜好洗净晾干，洗澡时放一两束在澡盆里，会不生疮疥，不长痱子。用苦菜沐浴过的皮肤，光滑而极富弹性可抗皱抗衰。

## 人群宜忌

☑ 肠炎　☑ 盲肠炎　☑ 产后腹痛　☑ 急慢性结肠炎　☑ 眼结膜炎患者　☒ 脾胃虚寒者

## 实用偏方

**小儿疳积**
苦菜50克，同猪肝炖服。

**壶蜂叮螫**
苦菜捣汁涂抹患处。

**乳结红肿疼痛**
苦菜捣汁水煎；点水酒服。

**慢性气管炎**
苦菜煎烂，取煎液煮大枣，待枣皮展开后取出，余液熬成膏。早晚各服药膏5~10克。

**肾盂肾炎**
苦菜、车前草各30克，水煎去渣，代茶多量饮服。

# 番薯苗

## 益气健脾，养血止血

番薯叶有生津润燥、健脾宽肠、养血止血、通乳汁、补中益气、通便等功效，主治消渴、便血、血崩、乳汁不通，同时还具有提高免疫力、止血、降糖、解毒等保健功能。经常食用可预防便秘、保护视力，保持皮肤细腻。

分布情况一览
我国各地均有栽培。
适用人群：
糖尿病患者及心血管疾病患者宜多食。

茎平卧或上升，偶有缠绕，多分枝，圆柱形或具棱，绿或紫色，节上易生不定根。

地下具圆形，椭圆形或纺锤形的块根，颜色为白色、黄色、红色或有紫斑。

单叶互生，被疏柔毛或无毛，叶片形状、颜色因品种不同而异，通常为宽卵形，基部心形或近于平截，两面被疏柔毛或近于无毛。

### 食用方法

选取鲜嫩的叶尖，开水烫熟后，加调料凉拌，可增进食欲。还可用番薯叶煲汤或煮粥。亦可加盐将其制成咸菜，随时佐餐食用。

### 营养成分
（以100g为例）

| 纤维素 | 1g |
|---|---|
| 蛋白质 | 4.8g |
| 脂肪 | 0.70g |
| 维生素C | 56mg |
| 硫胺素 | 0.13mg |
| 维生素B$_2$ | 0.28mg |

## 养生食谱

### 红薯叶苹果柳橙汁

材料：红薯叶50克，苹果、柳橙各半个，冷开水300毫升，冰块适量。
制法：1.将红薯叶洗净；苹果、柳橙去皮去核，切成块。2.将原料全部放入榨汁机内，加冷开水搅打成汁，滤出果汁，倒入杯中，加冰块即可。
功效：适宜高血压、胆固醇患者饮用。

药典精要：
《本草求原》："虫蚊伤、痈肿毒痛、毒箭，同盐捣汁涂蜂螫。"
《岭南采药录》："治蛇虎咬，霍乱抽筋。"
《四川中药志》："治妇人乳汁不通，痈疮久不溃脓，大便中带血及红崩、腹泻。"

## 饮食有方

**小档案**

性味：味甘涩，性微凉。

习性：适用性广、耐旱、耐贫瘠。

繁殖方式：以扦插繁殖为主。

采食时间：秋季。

食用部位：番薯茎尖：瓜秧蔓顶端10~15厘米及嫩叶、叶柄。

 番薯叶 ＋  猪肉

猪肉可润肠胃、生津液、补肾气，与番薯叶同时可增强营养。

 番薯叶 ＋ 绿豆 ＋ 猪蹄

能促进身体排毒，治疗便秘，还能增强抵抗力。

 番薯叶 ＋  冬瓜

利水、消暑，补充维生素。

## 食疗价值

**轻体健身**

番薯叶热量低，而膳食纤维含量较高，食用后可以加速体内多余胆固醇排泄，加快食物在肠胃中运转，具有清洁肠道的作用，且容易有饱腹感，再加上热量低，可减轻体重。

**营养保健**

番薯叶含丰富的黄酮类化合物，其具有抗氧化、提高人体抗病能力、延缓衰老、抗炎防癌等多种保健作用。

**促进乳汁分泌**

番薯叶里有黄酮类化合物等物质，对激素分泌有帮助，可以促进乳汁分泌。将番薯叶炖成稀糊状后食用，或用剁碎的番薯叶与碎猪肉煮汤后饮用，也有相同通乳功效。

## 人群宜忌

☒ 时疫 ☒ 疟痢 ☒ 肿胀 ☒ 湿阻脾胃 ☒ 气滞食积者 ☒ 胃酸多者 ☒ 素体脾胃虚寒者

## 实用偏方

**小儿疳积，夜盲**

鲜番薯叶250克，加水煮熟后饮汤。

**病毒性肝炎**

番薯500克，红糖60克。加水煮至熟透，食薯喝汤。

**大小便不通**

生红薯叶，捣烂，调红糖，贴腹脐。

**痢疾**

干番薯片100克，研磨成粉，用水调匀。以水火煮熟变稠时，加蜂蜜50克，煮沸即成。

**便秘**

鲜番薯叶250克，加适量油盐炒熟食。每日2次。或生红薯叶，捣烂，调红糖，贴腹脐。

# 荚果蕨

## 清热凉血，益气安神

荚果蕨味苦性凉，中医认为其能温热瘢疹、疟腮、吐血、衄血、蛲虫病、绦虫等病症。现代医学常用其抑制腺病毒、脊髓灰质炎、乙型脑炎、单纯疱疹等病毒，鲜荚果蕨对流感杆菌、脑膜炎双球菌、痢疾杆菌有抑制作用。

**分布情况一览：**
分布于东北地区。

**特殊用处：**
荚果蕨具有很高的观赏价值，像鹦鹉螺的壳，在欧美各国，受到人们的喜爱和赞美。

叶簇生、二型，有柄；不育叶片矩圆倒披针形；能育叶短，挺立，一回羽状，纸质，向下反卷包被囊群。

茎立直，连同叶柄基部有密披针形鳞片。

## 食用方法

春季采集嫩茎叶，洗净后在沸水锅中焯一下，以去除异味，可以盐渍、速冻保鲜，也可加入调料凉拌，或与其他菜品一起炒食，也可与肉类一起炖汤。

### 营养成分
（以100g为例）

| | |
|---|---|
| 脂肪 | 0.4g |
| 蛋白质 | 1.60g |
| 碳水化合物 | 10g |
| 维生素C | 35mg |
| 粗纤维 | 1.3g |
| 胡萝卜素 | 1.68mg |

## 药典精要

《本草再新》："滑肠，化痰。"
《本草求原》："降气。"
《千金方》："久食成瘕。"
《食疗本草》："令人脚弱不能行，消阳事，缩玉茎，多食令人发落，鼻塞目暗。冷气人食之多腹胀。"

**小贴士：**
荚果蕨含有大量的膳食纤维，各种氨基酸、抗坏血酸、维生素等，还含有人体必需的5种常量元素和7种微量元素，荚果蕨不仅营养价值高，还有食疗作用，具有清热、滑肠、降气、祛风、化痰等功能。

# 野茼蒿

## 健脾消肿，清热解毒

野茼蒿具有健脾消肿、清热解毒、行气、利尿、安心气、养脾胃、消痰饮、利肠胃的功效。常用于治疗神经衰弱、记忆力减退、血压偏高、脾胃不和、便秘等症，经常食用可防治感冒、痢疾、肠炎、尿路感染、乳腺炎等。

**分布情况一览：**

分布于江西、福建、湖南、广东、广西、四川、云南及西藏。

**适用人群：**

高血压、高脂血症，脾胃虚弱者。

全株高 20~100 厘米，茎有纵条纹。

叶互生，呈卵形或长圆状椭圆形，先端渐尖，基部楔形，边缘有重锯齿或有时基部羽状分裂，两面近无毛。

## 营养成分
（以100g为例）

| 蛋白质 | 1.1g |
|---|---|
| 纤维 | 13g |
| 钙 | 150mg |
| 磷 | 120mg |

## 食用方法

野茼蒿有一种淡淡的菊花香，每年春、夏、秋三季，可摘其嫩茎叶、幼苗，去杂洗净入沸水锅中焯熟后，捞出用清水漂洗干净，可与其他菜品一起炒食，也可加入调料凉拌，或与肉类一起做汤，也可做馅。

## 药典精要

《本草汇言》："破血疏肝，解疔散毒。主妇人腹内宿血，解天行火毒丹疔。洗疮疥，又能去风杀虫。"

《本经逢原》："同蒿气浊，能助相火，禹锡言多食动风气，熏人心，令人气满。《千金》："安心气，养脾胃，消痰饮，利肠胃者，是指素禀火衰而言，若肾气本旺，不无助火之患。"

**实用偏方：**

【目赤肿痛】可与金银花 15 克，密蒙花 9 克，夏枯草 6 克等配伍煎汤内服或外用薰眼。

【高血压、动脉硬化、冠心病】可与桑叶 12 克，山楂 10 ~ 20 克，金银花 15 克，用沸水冲泡 15 分钟，代茶饮。

第一章 茎叶类野菜

# 牛繁缕

## 清热解毒，活血消肿

牛繁缕做菜经常食用可提高人体免疫力。其具有清热通淋、凉血活血、消肿止痛、消积通乳等功效，适用于小儿疳积、牙痛、痢疾、痔疮肿痛、小便不利、尿路感染、阑尾炎、乳腺炎、乳汁不通等病症。

**分布情况一览：**
中国各省均有分布。

**适用人群：**
牛繁缕有清血解毒，利尿，下乳汁，去恶血，生新血，特别适宜产妇食用。

花梗细长，花后下垂，宿存，外面有短柔毛。

叶卵形或宽卵形，顶端渐尖，基部心形，全缘或波状，上部叶无柄。

主茎多分枝，柔弱，常伏生地面，全株光滑，花序上有白色短软毛。

全草长 20~60 厘米，石竹科植物，全株光滑，仅花序上有白色短软毛。

**营养成分**
（以100g为例）

| | |
|---|---|
| 蛋白质 | 3.6g |
| 胡萝卜素 | 3.09mg |
| 维生素C | 98mg |
| 钙 | 0.22mg |
| 磷 | 0.03mg |

## 食用方法

春季采摘其嫩茎叶，它纤维强韧，不易摘下，可用剪刀剪取。入沸水锅中焯熟后，捞出清水漂洗干净，可与其他菜品一起炒食，也可加入调料凉拌，或与肉类一起做汤，也可做馅。

## 药典精要

《云南中草药》："清热，舒筋。治大叶肺炎，高血压，月经不调，小便不利，牙痛痢疾，痛疽。"

《陕西中草药》："清热解毒，活血祛淤。治痛疽，牙痛，痔疮肿痛，痢疾。"

《陕西中草药》："鲜鹅肠菜，捣烂加盐少许，咬在痛牙处，可治牙痛。"

**实用偏方：**
【痢疾】鲜牛繁缕50克。水煎加糖服。
【痛疽】鲜牛繁缕150克。捣烂，加甜酒适量，水煎服。
【牙龈肿痛】鲜牛繁缕捣烂加盐，咬在痛牙处。

# 刺苋

## 清热解毒，利尿止痛

刺苋性凉，味甘，具有解毒消肿、清肝明目、散风止痒、杀虫疗伤之效，可辅助治疗痢疾、目赤、乳痈、痔疮、便血、痔血、胆囊炎、胆石症、带下、小便涩痛、咽喉肿痛、扁桃体炎、湿疹、痈肿、牙龈糜烂、蛇咬伤等症。

**主产地：**
河北、山西、陕西、山东、江苏、安徽、上海市、浙江、江西、福建、台湾、河南、湖北、湖南、海南、广东、重庆、四川。

雄花集成顶生圆锥花序，雌花簇生于叶腋。

叶互生，叶片菱状卵形或卵状披针形，端圆钝，具微凸头，基部楔形，无毛或幼时沿叶脉稍有柔毛。

茎圆柱形，多分枝，棕红色或棕绿色，主茎长圆锥形，有的具分枝，稍木质。

一年生直立草本，为苋科植物，高30~100厘米，无毛或稍有柔毛。

## 营养成分
（以100g为例）

|  |  |
|---|---|
| 脂肪 | 0.4g |
| 蛋白质 | 1.60g |
| 碳水化合物 | 10g |
| 维生素C | 35mg |
| 粗纤维 | 1.3g |
| 胡萝卜素 | 1.68mg |

## 食用方法

春季采集嫩茎叶入沸水锅中焯熟后，捞出清水漂洗干净，炒食或凉拌、做汤、做馅均可。刺苋有小毒，服量过多有头晕、恶心、呕吐等副作用。经期、孕期、虚痢日久忌服。

### 养生食谱

**决明鸡肝苋菜汤**

材料：苋菜250克，枸杞子叶30克，鸡肝2副，决明子15克，盐5克。
制作：1.苋菜与枸杞子叶均洗净；鸡肝切片余水；决明子装入棉布袋扎紧和水入锅熬成高汤，捡去药袋。2.加入苋菜、枸杞子叶煮沸，下肝片煮熟，加盐调味即可。
功效：肝火旺盛所致目赤肿痛者宜食。

**实用偏方：**
【乳痈肿痛】鲜野苋根50~100克，鸭蛋1个，水煎服；另用鲜野苋叶和冷饭捣烂外敷。
【痔疮肿痛】鲜野苋根50~100克，猪大肠一段，水煎，饭前服。

# 青葙

## 祛热泻火，清心益智

青葙具有除五脏邪气、心经火热、益脑髓、明耳目、镇肝、坚筋骨、去风寒湿痹、降血脂、降血压等功效，还能强化肝脏功能，并辅助治疗视力、听力不佳。青葙子配用鱼肉、豆腐、海带等，具有一定的清火、宁神益智的作用。

**主产地：**
陕西、江苏、安徽、上海、浙江、江西、福建、台湾、湖北、湖南、海南、广东、四川、云南、西藏。

花多数，密生，在茎端或枝端成单一、无分枝的塔状或者圆柱状穗状花序。

叶片矩圆披针形、披针形或披针状条形，少数呈卵状矩圆形。

全株高 0.3~1 米，全体无毛，茎直立，有分枝，绿色或红色，具有显明条纹。

## 营养成分
（以100g为例）

| 热量 | 4kcal |
| --- | --- |
| 胡萝卜素 | 8.02mg |
| 维生素B₂ | 0.64mg |
| 维生素C | 65mg |

## 食用方法
春季采集嫩茎叶入沸水锅中焯熟后，捞出清水漂洗干净，可与其他菜品一起炒食，也可加入调料凉拌，或与肉类一起做汤，也可做馅。青葙性寒，不宜长期食用，瞳子散大者忌食。

## 药典精要

《药性论》："治肝脏热毒冲眼，赤障、青盲、翳肿。"
《日华子本草》："治五脏邪气，益脑髓，明耳目，镇肝，坚筋骨，去风寒湿痹。"
《滇南本草》："明目。治泪涩难开，白翳遮睛。"
《泉州本草》："青葙子五钱，乌枣一两。治夜盲，目翳。"

**实用偏方：**
【风热泪眼】青葙子25克，鸡肝炖服。
【夜盲目翳】青葙子25克，乌枣50克。开水冲炖，饭前服。
【高血压病】取青葙子50克，水煎2次，滤液混合，每日3次分服。

# 地肤

## 清热利湿，祛风止痒

　　地肤有溶解尿酸作用，适用于辅助治疗尿酸过多的疾病，如尿路结石、黄疸后皮肤瘙痒症、尿酸性痛风等，并可用于改善夜盲症。其嫩苗亦有利尿消炎、清热明目作用，内服能利水、通淋、除湿热，外用治皮癣及阴囊湿疹。

**分布情况一览：**
分布在我国大部分地区。
**特殊用途：**
用于布置花篱，花境，或数株丛植于花坛中央，可修剪成各种几何造型进行布置。

株丛紧密，株形呈卵圆至圆球形、倒卵形或椭圆形，分枝多而细。

花极小，花期 9~10 月，无观赏价值。

单叶互生，叶线性，线形或条形。

**营养成分**
（以100g为例）

| 烟酸 | 1.6g |
|---|---|
| 蛋白质 | 5.2g |
| 脂肪 | 0.80mg |
| 纤维素 | 2.20g |
| 维生素C | 39.00mg |
| 碳水化合物 | 10.40g |

## 食用方法

4~5 月采集嫩茎叶，可与其他菜品一起炒食，也可做馅、蒸食、凉拌、做汤等，也可焯熟后晒成干菜贮备，食用时用水发开。嫩茎叶、果实、种子都可入药。

## 药典精要

《本经》："主膀胱热，利小便。补中，益精气。"
《药性论》："与阳起石同服，主丈夫阴痿不起，补气益力；治阴卵癀疾，去热风，可作汤沐浴。"
《滇南本草》："利膀胱小便积热，洗皮肤之风，疗妇人诸经客热，清利胎热，湿热带下。"

**实用偏方：**
【疝气】用地肤子炒后研细。每服 5 克，酒送下。
【小便不通】用地肤草榨汁服，或用地肤草一把，加水煎服。
【血痢不止】用地肤子250 克，地榆、黄芩各50 克，共研为末。每服 5 克，温水调下。

# 蔊菜

## 清热利尿，活血通经

　　蔊菜性微温，味辛、苦，其所含的蔊菜素具有镇咳、祛痰、平喘的作用，对痰热咳嗽，支气管哮喘有一定辅助治疗作用。蔊菜素还有杀菌消炎的功效，对肺炎球菌、金黄色葡萄球菌、绿脓杆菌及大肠杆菌均有抑制作用。

**分布情况一览：**
全国分布较广。

**适用人群：**
适宜感冒、热咳、咽痛、风湿性关节炎、黄疸、水肿、跌打损伤等症。

一年生草本，高达50厘米，基部有毛或无毛。茎直立或斜升，分枝，有纵条纹，有时带紫色。

总状花序顶生或侧生，开花时花序轴逐渐向上延伸花小，黄色或白色；萼片长圆形，花瓣匙形，与萼片等长。

叶形变化较大，叶片卵形或者大头状羽裂，边缘有浅齿裂或近于全缘。

**营养成分**
（以100g为例）

| | |
|---|---|
| 蛋白质 | 3.2g |
| 粗纤维 | 1.3g |
| 胡萝卜素 | 4.15mg |
| 维生素B$_2$ | 0.6mg |
| 维生素C | 9.8mg |
| 钙 | 28.9mg |

## 食用方法

春季采摘嫩茎叶后洗净，入沸水焯烫后捞出，可凉拌，也可炒食、做汤，还可榨汁。蔊菜不能和黄荆叶同用，否则引起肢体麻木；蔊菜容易生热，凡外感时邪及内有宿热者不宜食用。

### 药典精要

　　《全国中草药汇编》："功能主治清热解毒，镇咳，利尿。用于感冒发热，咽喉肿痛，肺热咳嗽，慢性气管炎，急性风湿性关节炎，肝炎，小便不利；外用治漆疮，蛇咬伤，疔疮痈肿。用法用量50~100克；外用适量，鲜品捣烂敷患处。"

　　《上海常用中草药》："本品不能与黄荆叶同用，同用则使人肢体麻木。"

**实用偏方：**

【肺热咳嗽】鲜蔊菜60克，鲜萝卜10克。捣烂绞取汁液，一次服用。

【湿热黄疸、痢疾】蔊菜60克，切碎，鲜玉米须30克。加水煎汤，分2~3次服或代茶饮。

# 景天三七

## 消肿止痛，化淤止血

全草入药，具有止血止痛、散淤消肿的功效。能有效治疗吐血、衄血、便血、尿血、崩漏、乳痈、跌打损伤等病症。取其汁液涂敷蜂、蝎等刺伤也有较明显的消肿止痛效果。民间多用其泡水泡酒取来治疗各种出血。

**分布情况一览：**
分布于中国东北、华北、西北及长江流域各省区。

**适用人群：**
适宜免疫力低下、消化道出血等患者食用。

伞房状聚伞花序顶生；无柄或近乎无柄；花黄色，长圆披针形，先端具短尖。

叶互生或近乎对生；广卵形至倒披针形，光滑或略带乳头状，比较粗糙。

根状茎粗厚，近木质化，地上茎直立，不分枝。

种子平滑，边缘具窄翼，顶端较宽。

## 食用方法

景天三七无苦味，口感好，营养丰富。春季采集嫩茎叶入沸水锅中焯熟后，捞出用清水漂洗干净，可与其他菜品一起炒食，也可加入调料凉拌，或与肉类一起做汤，也可做馅。

**营养成分**
（以100g为例）

| | |
|---|---|
| 胺素 | 0.05mg |
| 钙 | 315mg |
| 蛋白质 | 2.1g |
| 维生素B$_2$ | 0.07mg |
| 脂肪 | 0.7g |
| 烟酸 | 0.9mg |

## 药典精要

《山西中药志》："止血。治崩漏，便血。"
《浙江民间常用草药》："安神补血，止血化淤。"
《山西中草药》："止血散淤，消肿止痛。"
《贵州民间方药集》："止血镇痛。止吐血，因伤咯血，衄血，肺病咯血，镇咳。外用止刀伤出血。"

**实用偏方：**
【吐血咯血】鲜土三七100克。水煎或捣汁，连服数日。
【跌打损伤】鲜景天三七适量。捣烂外敷。
【蝎子蜇伤】鲜景天三七适量。加盐少许，捣烂敷患处。

# 朱槿

## 滑肠通便，清热利湿

朱槿味甘，性寒，全株入药，具有调经活血、清肺化痰、凉血解毒、利尿消肿的功效。其根多用于腮腺炎、支气管炎、尿路感染、子宫颈炎、白带、月经不调、闭经、肺热咳嗽、急性结膜炎等。叶和花则外用于辅助治疗疮痈肿。

**分布情况一览：**
全国各地均有分布。

**特殊用途：**
在南方多散植于池畔、亭前、道旁和墙边，盆栽扶桑适用于客厅和入口处摆设。

全株高 1~3 米；枝干皮多青褐色，小枝呈圆柱形，疏被星状柔毛。

叶互生，宽卵形或狭卵形，基部近圆形，边缘有不整齐粗齿或缺刻。

花大，花冠漏斗形，单生于叶腋，淡红色或玫瑰红色比较多。

## 食用方法

朱槿的叶有营养价值，在欧美，其嫩叶有时候被当成菠菜的代替品。而朱槿花也有被制成腌菜，以及用于染色蜜饯和其他食物。根部也可食用，但因为纤维多且带黏液，较少人食用。

### 营养成分

| | |
|---|---|
| 山柰醇 | 醋类 |
| 棉花素 | 槲皮苷 |
| 黏液质 | 维生素 |
| 矢车菊葡萄糖苷钾 | |

## 药典精要

《本草纲目》："朱槿，产南方，乃木槿别种，其枝柯柔弱，叶深绿，微涩如桑，其花有红、黄、白三色，红色者尤贵，呼为朱槿。"

《广东新语》："佛桑，枝叶类桑，花丹色者名朱槿，白者曰白槿。"

《南越笔记》："佛桑一名花上花。花上复花，重台也。即朱槿。"

**实用偏方：**

【咳嗽、咽喉干痛】粳米 80 克淘净，加水煮粥；冬葵 250 克，撕碎，待米将熟时，放入同煮至粳米烂熟即成。

【湿热带下】扁豆 60 克，粳米 100 克，加水煮粥将熟时放入冬葵 250 克煮熟即可。

# 酢浆草

## 清热利湿，解毒消肿

酢浆草全株入药，多用于治疗风湿、跌打损伤、蛇伤、感冒、鼻衄、肝炎、尿路感染、结石、神经衰弱、菌痢、丹毒、痈肿疮疖等症，捣烂外敷还可适用于毒蛇咬伤、湿疹、烧烫伤。

分布情况一览：
全国广布。

特殊用处：
在园林绿化中，布置花坛、花槽等，株丛稳定，线条清晰，也是极好的分栽和地被植物。

叶基生，被毛，扁圆状倒心形，顶端凹入，两侧角圆形，基部宽楔形。

花单生或数朵集为伞形花序状，花红色，长圆状倒卵形。

茎细弱，多分枝，直立或匍匐，匍匐茎节上有生根。

### 食用方法

春季采集嫩茎叶，去杂洗净入沸水锅中焯熟后，捞出用清水漂洗干净，可与其他菜品一起炒食，可加入调料凉拌，或与肉类一起做汤，也可做馅。孕妇忌用。牛羊食其过多可中毒致死。

### 营养成分
（以100g为例）

| | |
|---|---|
| 蛋白质 | 3.10g |
| 钙 | 27mg |
| 铁 | 5.60mg |
| 维生素C | 127mg |
| 碳水化合物 | 12.40g |

### 药典精要

《本草图经》："治妇人血结不通，净洗细研，暖酒调服之。"
《滇南本草》："治久泻肠滑，久痢赤白，用砂糖同煎服。"
《纲目》："主小便诸淋，赤白带下，同地钱、地龙治砂石淋；煎汤洗痔痛脱肛；捣敷汤火蛇蝎伤。"

实用偏方：
【痢疾】酢浆草研末，每服25克，开水送服。
【湿热黄疸】酢浆草50克。水煎2次，分服。
【尿结尿淋，尿路结石】鲜酸浆草100克，甜酒100毫升。共同煎水服，日服3次。

# 红花酢浆草

## 清热解毒，散淤消肿

红花酢浆草内服可用来调理肾盂肾炎、痢疾、咽炎、牙痛、月经不调、女子白带异常；外用可治毒蛇咬伤，各种跌打损伤和烧烫伤。另外，红花酢浆草叶子中含有柠檬酸和大量酒石酸，茎含苹果酸，有增进食欲之效。

**主产地：**
华北、西北、华东、华中、华南、四川，以及云南等地。

**特殊用处：**
盆栽摆放广场花坛、花境和公共场所。

分枝多，匍匐枝匍地生长，节间着地即生根。

夏秋开花，头形总状花序，球形，总花梗长，花白色，偶有淡红色。

复叶，具三小叶，小叶倒卵状或倒心形。

## 食用方法

秋冬时采集嫩叶，去杂洗净后用沸水稍稍浸烫下，换清水浸泡以去除异味，可凉拌、炒食、做汤。秋季时可直接挖掘肉质根食用，或加入调料凉拌后食用，也可肉类一起做汤。

**营养成分**
（以100g为例）

| | |
|---|---|
| 钙 | 27.00mg |
| 蛋白质 | 3.10g |
| 硫胺素 | 0.25mg |
| 铁 | 5.60mg |
| 碳水化合物 | 12.40g |

## 药典精要

《贵州民间药物》："行气活血。治金疮跌损，月经不调，赤白痢。"

《四川中药志》："散淤血。治跌打损伤淤血，妇女白带，砂淋，脱肛及痔疮，外用可治毒蛇咬伤，烧烫伤。"

《常用中草药手册》："散淤消肿，清热解毒。治跌打损伤，白浊白带，水泻，毒蛇咬伤，烫火伤。"

**实用偏方：**
【小儿惊风】红花酢浆草50克，小锯齿藤25克，拌酒糟包敷患处即可。
【咽喉肿痛，牙痛】红花酢浆草150克，水煎，慢慢咽服。
【蛇头疔】红花酢浆草和蜜捣烂外敷。

# 冬葵

## 清热利湿，补中益气

冬葵所含的维生素 A 具有明目的作用，可以辅助治疗多种眼疾，增强人体免疫力，并能保护胃、呼吸道黏膜。冬葵味苦，具有清心泻火、清热除烦、利水、滑肠的功效，可治肺热咳嗽、热毒、黄疸、二便不通、丹毒等病症。

**主产地：**
湖北、湖南、贵州、四川、江西。

**适用人群：**
适宜夜盲症，粉刺、疖疮、肺气肿的患者食用。

花簇生于叶腋，淡红色或白色，单生或几个簇生于叶腋。

一年生草本，高1米，不分枝，茎被柔毛。

叶圆形，基部心形，裂片三角状圆形，边缘具细锯齿，并极皱缩扭曲。

## 食用方法

春季采集嫩茎叶，去杂洗净后，用沸水稍稍烫一下，换清水漂洗以去除异味，可加入调料凉拌或与其他菜品一起炒食，也可与肉类一起炖汤。冬葵性寒，脾胃虚寒、腹泻者忌食，孕妇慎食。

### 营养成分
（以100g为例）

| | |
|---|---|
| 钙 | 27.00mg |
| 蛋白质 | 3.10g |
| 硫胺素 | 0.25mg |
| 铁 | 5.60mg |
| 碳水化合物 | 12.40g |

## 药典精要

《农书》："葵为百菜之主，备四时之馔，可防荒俭，可以菹腊(咸干菜)，其根可疗疾。"

《本草纲目》："葵菜滑窍，能利二便。用于小便不利者，单饮汤即可。苦大便秘难通者，又当以吃菜为主。"

《植物名实图考·蔬一·冬葵》："冬葵，《本经》上品，为百菜之主。"

**药典精要：**

《本草纲目》："葵菜滑窍，能利二便。"

《药性论》："叶烧灰及捣干叶末，治金疮。煮汁，能滑小肠，单煮汁，主治时行黄病。"

《食经》："食之补肝胆气。主治内、热消渴，酒客热不解。"

# 珍珠菜

## 活血调经，利水消肿

　　珍珠菜味辛、苦，性平，具有活血调经、利水消肿的功效，内服可治疗月经不调、白带过多、小儿疳积、水肿、痢疾、风湿痹痛、乳痈等症。外用可治疗痈疖、蛇咬伤等症。常食用有助于增强人体免疫功能。

**分布情况一览：**
分布于东北、华北、华南、西南及长江中下游地区。
**主产地：**
我国广东省潮汕地区和台湾省北部地区。

总状花序顶生，花密集，花冠白色，花丝稍有毛。

茎基部平卧，节上生根，上部上升，多分枝，密被黄色平展，长硬毛。

单叶互生，叶呈卵状椭圆形或阔披针形，叶片羽状分裂。

**食用方法**

春季采集嫩茎叶，去杂洗净入沸水锅中焯熟后，捞出用清水漂洗干净，可与其他菜品一起炒食，也可加入调料凉拌，或与肉类、蛋类一起做汤，味道清爽可口。

**营养成分**
（以100g为例）

| | |
|---|---|
| 维生素C | 27.74mg |
| 钾 | 720.0mg |
| 钠 | 1.36mg |
| 钙 | 238.8mg |
| 镁 | 94.36mg |

## 药典精要

《植物名实图考》："散血。"
《四川武隆药植图志》："开胃。"
《贵州民间方药集》："利尿。治水肿，小儿疳积。"
《中草药手册》："清热解毒。治蛇咬伤，乳腺炎，白带过多，痈疖，鼻出血，水肿，痢疾，喉痛，乳痈。"

**实用偏方：**
【月经不调】珍珠菜、小血藤、大血藤、当归、牛膝、红花、紫草各10克。泡酒500毫升。每服药酒25毫升。
【跌打损伤】马兰根、珍珠菜根各25克。酒水各半煎服。

# 山芹菜

## 散寒解表，降压益气

山芹菜味甘，性寒，具有清热、祛风除湿、散淤破结、消肿解毒、降压、清肝、益气之效。其含有较高的维生素P和钙、磷成分，能够对机体能起到一定的镇静和扩张血管的作用，有助于改善中老年高血压、血管硬化以及神经衰弱等症。

叶片近三角形，2~3回羽状分裂，长10~15厘米。

**分布情况一览：**
东北以及内蒙古、山东、江苏、安徽、浙江、江西、福建、湖南。

**适用人群：**
血压偏高、睡眠不稳的中老年人等。

复伞形花序，顶生，花呈白色。

根圆锥形，有分枝，呈黄褐色。

茎直立，中空，表皮常带紫红色。

## 食用方法

芹菜叶中所含的胡萝卜素和维生素C比茎多，因此吃时不要把芹菜叶丢掉。山芹菜去杂洗净后可直接炒食，如山芹菜肉丝。叶可用来做汤，如山芹菜蛋花汤。

**营养成分**
（以100g为例）

| 脂肪 | 0.1g |
|---|---|
| 纤维素 | 2.6g |
| 碳水化合物 | 4.80g |
| 蛋白质 | 0.60g |

## 药典精要

《本草求真》："芹菜地出，有水有旱，其味有苦有甘、有辛有酸之类。考之张璐有言，旱芹得青阳之气而生，气味辛窜，能理脾胃中湿浊。"

《本草纲目》："旱芹气味，甘，寒，无毒。捣汁，洗马毒疮，并服之。又涂蛇蝎毒及痈肿。唐本久食，除心下烦热。主生疮，结核聚气，下淤血，止霍乱。"

**小贴士**
山芹菜质松而软，易折断，皮部黄棕色有裂隙，射线呈放射状。气微香，味微甘。以条粗壮、皮细而紧、无毛头、断面有棕色环、中心色淡黄者为佳。外皮粗糙、有毛头，带硬苗者质次。

# 罗勒

## 疏风解表，化湿和中

罗勒的叶子有去恶气、清水气、祛风健胃、治疗牙痛口臭等功效。其叶还可用来提取精油，有杀菌、健胃、强身、助消化等作用。罗勒全株入药可疏风行气、活血解毒，辅助治疗脘痛、月经不调、皮炎湿疹、跌打损伤、蛇虫咬伤等。

**分布情况一览：**
全国都有分布，主要在南方及沿海一带。

**特殊用途：**
茎叶为中医产科重要药物；种子的胶状物可用来洗眼睛。

茎四方形，上部多分枝，表面通常为紫绿色，被柔毛。

叶是对生、淡绿色和长有细毛，约1.5厘米长和1~3厘米宽。

## 食用方法

春季采集嫩茎叶，去杂洗净入沸水锅中焯熟后，捞出用清水漂洗干净，可与其他菜品一起炒食，也可加入调料凉拌，或与肉类一起做汤。干叶常用在卤制品中提味、增香。

### 营养成分
（以100g为例）

| | |
|---|---|
| 维生素C | 62mg |
| 蛋白质 | 2.50g |
| 纤维素 | 1.80g |
| 脂肪 | 0.90g |
| 碳水化合物 | 6.80g |
| 胡萝卜素 | 2140μg |

## 养生食谱

**罗勒香橙沙拉**

材料：香橙100克，罗勒叶30克，洋葱、白芝麻、盐、白糖、白醋、橄榄油各适量。

制法：1.罗勒叶洗净；洋葱洗净，切丝；香橙去皮，切片。2.将原料放在盘中，加食盐、白糖、白醋、橄榄油，搅拌均匀。3.均匀地撒上白芝麻即可。

功效：此菜有疏风散热、化湿开胃之效。

### 药典精要

《嘉祐本草》："调中消食，去恶气，消水气，宜生食。又动风，发脚气，患啘，取汁服半合定，冬月用干者煮。"

《岭南采药录》："治毒蛇伤，又可作跌打伤敷药。"

# 打碗花

## 健脾益气，调经止带

打碗花性平，味甘淡，根状茎及花皆可入药。根状茎中含一定量的淀粉，入药可以健脾益气，利尿，调经止带；有调理月经、白带异常的功效。还可以辅治消化不良等脾虚症状，产后乳汁分泌不足也可酌情使用。

**分布情况一览：**
全国各地。

**适用人群：**
女性月经不调者、白带多且黄者可多食。一般人群皆可食用。

花冠漏斗形（喇叭状），粉红色或白色，口近圆形微呈五角形。

叶互生，叶片三角状戟形或者三角状卵形，侧裂片展开。

茎细弱，长 0.5~2 米，匍匐或攀缘。

**营养成分**
（以100g为例）

| 碳水化合物 | 5g |
|---|---|
| 磷 | 40mg |
| 钙 | 422mg |
| 铁 | 10.1mg |
| 胡萝卜素 | 5.28mg |

**食用方法**
打碗花的嫩叶用沸水氽烫后可用来炒食，与肉、鸡蛋等同食滋味鲜美。根部洗净后可以煮食、做汤。

### 药典精要

《分类草药性》："治白带，通月经并五淋，小儿呕吐乳症。"
《民间常用草药汇编》："治疳积和产后感冒。"
《陕西植药调查》："调经，活血，滋阴，补虚。"

**小贴士：**
打碗花的花径比牵牛花稍大，边缘有裂隙，侧裂片开展，中裂片卵状三角形或披针形，基部心形，两面无毛，牵牛花的叶子则是宽卵形或近圆形，先端裂片长圆形或卵圆形，侧裂片较短，三角形，被柔毛。

# 香薷

## 发汗解表，祛暑化湿

香薷多用于夏季贪凉，风寒感冒所引起的发热、恶寒、头痛、无汗、霍乱、水肿、鼻衄、口臭等症。其有祛除暑湿、利小便、消水肿、除口臭的功效，功似麻黄而力弱，有"夏月麻黄"之称。

**分布情况一览：**
江西、河北、河南等地，以江西产量大，质量好。

**特殊用途：**
香薷为蜜源植物，茎叶可提取芳香油。

花序较短，气味香而微弱。基部紫红色，上部黄绿色或淡黄色，全体密被白色柔毛。

茎方柱形，直径1~2厘米，节明显，节间长4~7厘米。

叶多脱落，完整者呈狭长披针形，暗绿色或黄绿色。

### 营养成分

| | |
|---|---|
| 挥发油 | 香薷酮 |
| 苯乙酮 | 谷甾醇 |
| 葡萄糖甙 | 棕榈酸 |
| 亚油酸 | 亚麻酸 |

## 食用方法

采集能掐断的嫩茎叶，用沸水汆烫后，清水漂净，可炒食、凉拌。可作增香调味品，用于制作烹制肉类和泡水饮用。

## 药典精要

《得配本草》："火盛气虚，阴虚有热者禁用。"

《食疗本草》："去热风，卒转筋，煮汁顿服。又干末止鼻衄，以水服之。"

《日华子本草》："下气，除烦热，疗呕逆冷气。"

《食物本草》："夏月煮饮代茶，可无热病，调中温胃；含汁漱口，去臭气。"

**实用偏方：**
【霍乱、腹痛、吐痢】
生香薷（切碎）500克，小蒜500克（切碎），厚朴100克（炙），生姜150克，四味加水1000毫升，煮取800毫升，分3次服用，温服。

# 马兰头

## 凉血止血，清热利湿

马兰头富含丰富的胡萝卜素，食之可清热去火，增强人体免疫力。具有凉血止血、清热利湿、解毒消肿的功效，主治吐血、衄血、崩漏、创伤出血、黄疸、泻痢、水肿、淋浊、感冒、咳嗽、咽痛喉痹、痈肿痔疮、丹毒、小儿疳积。

**分布情况一览：**
分布范围广，全国大部分地区有分布。

**适用人群：**
一般人群均可食用，孕妇不宜食用。

第一章 茎叶类野菜

茎圆柱形，直径 2~3 毫米，表面黄绿色，有细纵纹。

叶互生，叶片皱缩卷曲，多已碎落，完整者展平后呈倒卵形、椭圆形或披针表，被短毛头状花序，花淡紫色。

**营养成分**
（以100g为例）

| | |
|---|---|
| 蛋白质 | 2.4g |
| 脂肪 | 0.4g |
| 碳水化合物 | 4.6g |
| 膳食纤维 | 1.6g |
| 烟酸 | 0.8mg |
| 维生素B$_1$ | 0.06mg |

## 食用方法

用沸水烫后，浸凉水去辛味，加油、盐调食。尽量挤去水分，切碎凉拌烹调中，可与多种荤素料搭配，但加热时间不宜长，大火速成为佳。配烧菜时，可用少炒煸作垫底或围边。

## 药典精要

《日华子本草》："根、叶，破宿血，养新血，止鼻衄，吐血，合金疮，断血痢，解酒疸及诸菌毒；生捣敷蛇咬。"
《本经逢原》："治妇人淋浊，痔漏。吐血，衄血，紫癜，创伤出血，黄疸。"
《医林纂要》："补肾命，除寒湿，暖子宫，杀虫。治小儿疳积。"

**实用偏方：**
【大便下血】马兰头、荔枝草各30克，水煎服，每日一次。
【小便涩痛】鲜马兰30~60克，金丝草30克、土丁桂、胖大海各15克，水煎服。

# 鼠曲草

## 除风利湿，化痰止咳

鼠曲草富含 B 族维生素、胡萝卜素等，具有化痰、止咳、祛风寒之功效，主治咳嗽、痰多、气喘、风寒感冒、腹泻，其润肺化痰效果显著。还可用于辅助治疗风湿痹痛、泄泻、水肿、赤白带下、痈肿疔疮、阴囊湿痒、荨麻疹等。

**分布情况一览：**
全国大部分地区有分布。主产江苏、浙江、福建。

**适用人群：**
常年风湿、咳嗽、痰多者；妇女白带量多且色黄者。

叶互生；下部叶匙形，上部叶匙形至线形，无柄，质柔软，两面均有白色棉毛。

头状花序顶生，排列呈伞房状，花全部管状，黄色，雌花多数，花冠顶端扩大，裂片无毛。两性花较少，向上渐扩大，裂片三角状渐尖，无毛。

茎直立或基部发出的枝下部斜升，上部不分枝，有沟纹，被白色厚棉毛。

## 营养成分

| B族维生素 | 胡萝卜素 |
|---|---|
| 叶绿素 | 木樨草素 |
| 葡糖甙 | 挥发油 |
| 微量生物碱 | 甾醇 |

## 食用方法

采春季刚长出来并且未开花的嫩叶，洗净后煮开，捞出来沥干，放在盘子里，待其发霉后会发出一种特有的香味。晒干储存，待使用时取出。

## 药典精要

《日华子本草》："调中益气，止泄，除痰，压时气，去热嗽。"
《药类法象》："治寒嗽及痰，除肺中寒，大升肺气。"
《品汇精要》："治形寒饮冷、咳嗽，经年久不瘥者。"
《现代实用中药》："治非传染性溃疡及创伤，内服降血压及胃溃疡之治疗药。"

**实用偏方：**
【风湿】鼠曲草 60 克，用水和白酒少许，煎汤，每日1剂。
【清热利湿】鼠曲草 60 克，凤尾草 30 克，车前草、茵陈蒿各 15 克。加水煎煮，取汁，加白糖代茶饮。

# 蒲公英

## 清热解毒，消肿散结

蒲公英具有利尿、缓泻、退黄疸、利胆、助消化、增食欲的功效，可用来治疗胃及十二指肠溃疡、防治胃癌、食管癌及各种肿瘤等。蒲公英叶子有改善湿疹、舒缓皮炎、关节不适的功效，其根则有消炎作用，可以治疗胆结石、风湿。

**分布情况一览：**
全国大部地区均有分布。
**适用人群：**
适宜咽喉疼痛者、肿毒者，热毒上攻引起的目赤咽肿、口舌生疮者。

舌状花黄色，边缘花舌片背面具紫红色条纹，花药和柱头暗绿色。

叶根生，排成莲座状，狭倒披针形，大头羽裂，裂片三角形。

瘦果倒卵状披针形，暗褐色，上部具小刺，下部具有成行排列的小瘤，顶端是圆锥至圆柱形的喙基。

植物的根茎呈圆柱状，比较粗壮，单一或分枝，根部外皮呈黄棕色，茎部为青黄色。

### 营养成分
（以100g为例）

| | |
|---|---|
| 蛋白质 | 4.8g |
| 维生素B$_2$ | 9mg |
| 镁 | 54mg |
| 维生素C | 47mg |
| 钙 | 216mg |
| 硫胺素 | 0.03mg |

## 食用方法

蒲公英可生吃、炒食、做汤、焯拌，风味独特。将蒲公英鲜嫩茎叶洗净，沥干蘸酱食用；也可将洗净的蒲公英用沸水烫1分钟，沥出用冷水冲一下，佐以各种调料，作配菜。

## 药典精要

《唐本草》："主妇人乳痈肿。"
《本草衍义补遗》："化热毒，消恶肿结核，解食毒，散滞气。"
《本草经疏》："蒲公英味甘平，其性无毒。当是入肝入胃，解热凉血之要药。金黄色的蒲公英乳痈属肝经，妇人经行后，肝经主事，故主妇人乳痈肿乳毒，并宜生暖之良。"

**实用偏方：**
【清热解毒】蒲公英30克，粳米100克，煮成粥，可消肿散结。
【小便短赤】蒲公英、玉米蕊各60克，加水浓缩煎服或代茶饮。

# 蒌蒿

## 利膈开胃，行水解毒

蒌蒿性凉，味甘，有利膈、开胃、行水、解毒等功效，可治胃气虚弱、纳呆、浮肿等症，多用于治疗急性传染性肝炎。芦蒿中含有侧柏莲酮芳香油使其口味独特，可用来辅助治疗高血压、高血脂、心血管疾病。

**分布情况一览：**
野生种广泛分布于东北、华北、华中。

**适用人群：**
一般人皆可食用，糖尿病、肥胖或其他慢性病患者慎食。

头状花序多数，长圆形或宽卵形，在分枝上排成密穗状花序，花黄色。

叶互生，下部叶在花期枯萎，中部叶密集，羽状深裂，上部叶3裂或线形而全缘。

茎少数或单一，初时绿褐色，后为紫红色，无毛。

### 食用方法

采嫩茎叶，用开水烫熟后与肉类炒食，味道鲜美；或再用清水漂洗，挤干水分炒食、凉拌。蒌蒿还是法国菜中常用的香辛料，多用于鸡肉、鱼肉和法国蜗牛的烹制中。

**营养成分**
（以100g为例）

| | |
|---|---|
| 蛋白质 | 3.6g |
| 铁 | 2.9mg |
| 胡萝卜素 | 1.4mg |
| 维生素C | 49mg |
| 钙 | 730mg |
| 谷氨酸 | 34.3mg |
| 赖氨酸 | 0.97mg |

### 药典精要

《本草纲目》："蒌蒿，气味甘无毒，主治五脏邪气、风寒湿痹、补中益气、长毛发、令黑、疗心悬、少食常饥、久服轻身、耳聪目明、不老"。
《纲目》："利膈开胃，杀河豚毒。"
《医林纂要》："开胃，行水。"

**小贴士：**
蒌蒿不仅能做成菜肴，也可泡成茶，老少皆宜。而且蒿茶汁液饮用后，喝剩的茶叶，可直接食用，能补充人体内的多种营养成分。经常饮用能起到明目、生发、黑发、降压、降脂、消炎、解热及防癌等功效。

# 酸模

## 清热凉血，利尿杀虫

　　酸模全株入药，主治衄血、咯血、子宫出血、大便秘结、痈肿、癣疮、烫伤、烧伤、跌打损伤、外伤出血等。适用于头晕、乏力、易倦、耳鸣、眼花，皮肤黏膜及指甲等颜色苍白，体力活动后感觉气促、骨质疏松、心悸的人群。

**分布情况一览：**
几乎遍布全国，生于山坡、路边、荒地或沟谷溪边湿处。
**主产地：**
河北、四川、云南、广西。

花单性异株，花梗短，中部具关节，雌花淡紫红色，脉纹明显，背面中脉基部仅有不明显的小瘤状突起。

单叶互生，叶片质薄，椭圆形或披针状长圆形，两面均有粒状细点，茎生叶由下向上，柄渐短，直至无柄。

蓼科多年生草本植物，高达1米。茎直立，通常不分枝，无毛，或稍有毛，具沟槽，中空。

### 营养成分
（以100g为例）

| | |
|---|---|
| 热量 | 31kcal |
| 蛋白质 | 2.6g |
| 碳水化合物 | 5.9g |
| 膳食纤维 | 2.2g |
| 维生素A | 488mg |
| 胡萝卜素 | 2930mg |

## 食用方法
春季采摘嫩茎叶，酸模叶去杂洗净，入沸水锅焯一下，捞出洗净，挤干水分切段放入盘内，加入精盐、味精、酱油、白糖、麻油，拌匀即成。也可炖汤食用，味道鲜美。

## 药典精要

《本草拾遗》："主暴热腹胀，生捣绞汁服，当下痢。杀皮肤小虫。"
《纲目》："去汗斑，同紫萍捣汁擦数日即消除。"
《贵州民间方药集》："利便，解热，利尿，治五淋。"
《本草推陈》："治痢疾初起，里急后重，排便不畅时作轻泻剂。"

**实用偏方：**
【小便不通】酸模根15~20克。水煎服。
【吐血、便血、咯血】酸模7.5克，小蓟、地榆炭各20克，炒黄芩15克。水煎服。
【目赤】酸模根5克，研末，调入乳蒸过敷眼沿，并取根15克煎服。

# 凤眼莲

## 疏散风热，润肠通便

　　凤眼莲能提高人体免疫力，促进消化吸收，还能维持心脑血管的健康。凤眼莲入药可以利水通淋、清热解毒。主治风热感冒、水肿、热淋、尿路结石、风疹、湿疮、疔肿等不适症状。外敷可缓解热疮不适。

**分布情况一览：**
全国各地都有所分布。

**特殊用途：**
清洁水域，吸附水中的重金属元素。同时可净化室内空气。制作功能饮料、造纸等。

叶片圆形，宽卵形或宽菱形，全缘，质地厚实，两边微向上卷，顶部略向下翻卷。

茎极短，具长匍匐枝，匍匐枝淡绿色或带紫色，与母株分离后会长成新植物。

花葶多棱，穗状花序、卵形、长圆形或倒卵形，四周淡紫红色，中间呈蓝色。

## 食用方法

春季采集嫩茎叶，去杂洗净入沸水锅中焯熟后，捞出用清水漂洗干净，可与其他菜品一起炒食，也可加入调料凉拌，或与肉类一起做汤，也可做馅。夏季采花洗净后可凉拌或炒食。

**营养成分**
**（以100g为例）**

| | |
|---|---|
| 蛋白质 | 1.1g |
| 脂肪 | 0.7g |
| 碳水化合物 | 1.4g |
| 钙 | 30mg |
| 磷 | 80mg |

## 药典精要

《广西药植名录》："清凉解毒，除湿，祛风热。外敷热疮。"
《南方青草药实用全书》："水浮莲、猫毛草、车前草各15~30克，水煎服。治肾炎水肿、小便不利。"
《南方青草药实用全书》："水浮莲、牛喫埔、冬瓜皮、莲叶各15~30克，水煎服。治中暑烦渴。"

**小贴士：**
1. 凤眼莲的有害部分仅限于它的根部，只要把根须除掉，就和其他普通的蔬菜一样。
2. 凤眼莲的花和嫩叶可以直接食用，嫩茎叶用水焯熟后可凉拌、炒食，其味道清香爽口，并有润肠通便的功效。

# 龙葵

## 清热解毒，利水消肿

　　龙葵在蔬菜中有着很强的活血和解毒功能，可以降低血液黏稠度，提高血液中的氧气含量。龙葵还是很好的清热解毒药，对于痔疮、尿路感染、肝炎、皮肤炎症等都有缓解和治疗作用，还可以起到防癌效果。

**分布情况一览：**
我国各地均有分布。

**特殊用途：**
精神萎靡、多觉者，有湿疹等皮肤炎症患者，癌症患者等，均可适当食用。

茎圆柱形，具侧扁的小瘤突，幼枝绿色，老枝污红色。

花冠较小，淡紫色或白色，瓣中带薄，多脉，管长圆柱形，上部宽展，冠檐漏斗状，花冠裂片三角形，顶端渐尖。

叶互生，叶片呈卵形或近菱形，叶缘有波状疏锯齿，叶片大小差异比较大。

### 营养成分

| | |
|---|---|
| 胡萝卜素 | 多糖 |
| 维生素C | 维生素A |
| B族维生素 | 脂肪 |
| 甾类 | 生物碱 |

### 食用方法

3~4月采摘龙葵的嫩茎叶，用开水烫熟后，挤干水分，凉拌或者切碎做包子、饺子的馅，也可与其他菜品一起炒食或加调料凉拌。龙葵的嫩果可以拌糖生食。

### 药典精要

《唐本草》："食之解劳少睡，去虚热肿，清热解毒。"

《食疗本草》："主丁肿，患火丹疮。和土杵，敷之。"

《本草图经》："叶，入醋细研，治小儿火焰丹，消赤肿。"

《滇南本草》："治小儿风热，攻疮毒，洗疥癣痒痛，祛皮肤风。"

**实用偏方：**
【治疗癌症】鲜龙葵全草100克，鲜半枝莲200克，紫草10克，每日2次煎服。
【跌打扭筋肿痛】鲜龙葵叶200克，连须葱白7个。切碎，加酒酿糟适量，同捣烂敷患处，每日换1~2次。

# 绞股蓝

## 降压降脂，延缓衰老

绞股蓝的食疗功效堪比人参，具有消除疲劳、延缓衰老、镇静催眠、降低血脂、降低胆固醇等功效，高血压病、高脂血症、心脑血管病、胃溃疡可多食。其所含的皂甙还能防止正常细胞癌变，增强人体的免疫力。

**分布情况一览：**
我国长江流域以南各省区及陕西均有出产。

**特殊用途：**
绞股蓝制成茶对人体有很多益处，长期饮用，无任何毒副作用。

多年生草质攀缘植物，具分枝，具纵棱及槽，无毛或疏被短柔毛。茎细长，节上有毛或无毛，卷须常2裂或不分裂。

叶鸟足状，小叶片长椭圆状披针形至卵形，有小叶柄，边缘有锯齿。

## 食用方法

春夏季节采摘嫩茎叶，用沸水焯熟后再用清水漂洗，将其苦味去除，可与其他菜品一起炒食，也可加入调料一起凉拌。也可调配入汤饮、菜肴之中。

### 营养成分
（以100g为例）

| | |
|---|---|
| 糖类 | 7g |
| 膳食纤维 | 32g |
| 蛋白质 | 4.7g |
| 钙 | 52mg |
| 磷 | 69mg |

## 实用偏方

【消脂防癌】取绞股蓝加水1000毫升，煎15分钟。取汁即可。

【病毒性肝炎】绞股蓝15克，金钱草50克。加红糖适量，煎水饮。

【降压安神】绞股蓝15克，杜仲叶10克。沸水浸泡饮。

【降血糖，改善糖代谢】绞股蓝3克，用沸水冲泡10分钟。

**小贴士：**
正确泡饮绞股蓝。
1. 水要沸水。因为绞股蓝的有效成分在高温下才能溶解。
2. 不要倒掉第一次的茶。第一次泡的茶中有皂甙，可清热解毒。
3. 绞股蓝茶包可泡一天，有效成分才泡尽。

# 野韭菜

## 温中下气，补肾益阳

    野韭菜富含多种营养元素，中医认为具有温中下气、补肾益阳、暖胃除湿、散血行淤和解毒等作用，阳痿遗精、腰膝酸软、胃虚寒、噎嗝反胃、便秘、尿频、心烦、毛发脱落、痔漏、脱肛、痢疾、妇女痛经等症患者宜食。

**分布情况一览：**
黑龙江、吉林、辽宁、河北、山东、山西、内蒙古、陕西、宁夏、甘肃，青海、新疆。

**适用人群：**
一般人群皆可食用。

植物叶基生，呈条形至宽条形，具明显中脉，在叶背突起。

根状茎，鳞茎圆柱形，外皮膜质，霜白色，弦状须根，分布浅。

花呈紫色，花披针形至长三角状条形，内外轮等长。

## 食用方法
野韭菜可直接炒食、做汤，也可用作饺子、包子馅。野韭菜在沸水中焯熟后可盐渍或糖渍，受到很多人的喜爱。野韭菜炒鸡蛋，男士可以多吃。

**营养成分**
（以100g为例）

| 纤维素 | 1.2g |
|---|---|
| 蛋白质 | 2.80g |
| 维生素C | 87.0mg |
| 硫胺素 | 0.03mg |
| 维生素B$_2$ | 0.29mg |
| 烟酸 | 0.9mg |

## 实用偏方

【跌打骨折】野韭菜15克，葱白、生姜各9克，白胡椒10粒，红糖30克，黄栀子5枚，面粉60克，共捣烂摊成饼状，敷伤处包扎之。

【阳虚易汗】野韭菜根60克，水煎服。

【扭伤腰痛】野生韭菜或韭菜根30克，切细，黄酒90毫升，煮沸后，趁热饮服，每日1~2剂。

**小贴士：**
1. 野韭菜可作为调料，多用于荤、腥、膻及其他有异味的菜肴、汤羹中，对没有异味的菜肴、汤羹也起增味增香作用。
2. 根据主料的不同，切成段和末掺和使用，但均不宜煎、炸过久。

# 落葵

## 滑肠通便，清热利湿

落葵全株都可入药，其花花可治乳头破裂，水痘。根部治营养不良性水肿等症；种子和叶片入药，有散热、利尿、润泽人面、清热凉血之功效。全株食用有清热，滑肠，凉血，解毒之效，可治大便秘结、小便短涩、痢疾、便血、斑疹、疔疮。

**分布情况一览：**
我国长江流域以南各地均有栽培。

**特殊用途：**
落葵攀缘生长，可作篱笆式栽培，有立体绿化的效果。

单叶互生，叶片宽卵形、心形至长椭圆形，先端急尖，基部心形，全缘。

花无梗，萼片5，淡紫色或淡红色，下部白色，连合成管；无花瓣。

全株肉质，光滑无毛。茎长达3~4米，分枝明显，绿色或淡紫色。

**营养成分**
（以100g为例）

| 蛋白质 | 1.60g |
|---|---|
| 膳食纤维 | 1.50g |
| 磷 | 42mg |
| 钠 | 47.20mg |
| 钙 | 166.00mg |
| 钾 | 140.00mg |

## 食用方法

春季采集嫩苗，去杂洗净入沸水锅中焯熟后，捞出用清水漂洗干净，可与其他菜品一起炒食，也可加入调料凉拌，或与肉类一起做汤。其味清香，清脆爽口，如木耳一般，别有风味。

### 药典精要

《别录》："主滑中，散热。"
《福建民间草药》："泻热，滑肠，消痈，解毒。"
《江苏植药志》："为妇科止血药。"
《陆川本草》："凉血，解毒，消炎，生肌。治热毒，火疮，血瘕，斑疹。"
《泉州本草》："治大便秘结，小便短涩，胸脯郁闷。"

**实用偏方：**
【大便燥结】落葵500克，加水煮熟后，以食盐、酱油、醋等调味，食菜饮汤。
【外伤出血】鲜落葵叶和冰糖共捣烂敷患处。
【久年下血】落葵、白肉豆根各50克，净老母鸡1只，加水炖服。

# 苎麻

## 清热利尿，安胎止血

　　常吃苎麻制成的食品能耐饥渴、长力气，除皮肤疾患，强身健骨。其根部为其主要药用部位，可用来辅助治疗感冒、麻疹、尿路感染、肾炎水肿、孕妇腹痛、胎动不安、先兆流产、跌打损伤、骨折、疮疡肿痛、出血性疾病等。

**分布情况一览：**
主产于长江流域，全国均有分布。

**适用人群：**
苎麻适合上火人群食用，为安胎良药，孕妇可适当食用。

第一章 茎叶类野菜

雄花花序在茎的中下部，雌花花序在上部，二者交界处往往同一花序上着生雌雄两种花。

茎直立，分枝，绿色，有短或长毛。

叶互生，宽卵形或近圆形，表面粗糙，背面密生交织的白色柔毛。

**营养成分**

| 蛋白质 | 纤维素 |
| --- | --- |
| 大黄素 | 硫胺素 |
| 绿原酸 | 灰分 |
| 葡萄糖甙 | |

## 食用方法

摘取新鲜雏嫩苎叶，和适量粳米、糯米于石臼中捣烂、黏合，形成青翠欲滴的饭团，然后把饭团捏成小块，放在蒸笼中蒸熟。也可以油炸，油炸后金黄酥脆，清香甘润，别有风味。

## 药典精要

《医林纂要·药性》："孕妇两三月后，相火日盛，血益热，胎多不安。苎根甘咸入心，能布散其光明，而不为郁热，此安胎良药也。"

《本草便读》："苎麻根长于滑窍凉血，血分有湿热者亦属相宜。大抵胎动因为血热者多，或因伤血淤者亦有之。"

**实用偏方：**
【习惯性流产】苎麻干根50克，莲子25克，怀山药25克。水煎服。
【吐血不止】苎麻根、人参、白垩、蛤粉各10克，捣罗为散，每服2克，糯米汤调服，不拘时候。

# 三叶木通

## 清热祛火，活血通络

三叶木通的药用部位是根茎，可行气、活血、祛风通络。其果实有疏肝补肾、理气止痛的功效，可辅助治疗肝癌、肺癌、乳腺癌、头痛、经痛、泻痢、白带、疝气、脘腹胀闷等疾病，也可治疗跌打损伤、虫蛇咬伤。

**分布情况一览：**
华北至长江流域各省，以及华南、西南地区。秦岭也有。

**特殊用途：**
可作花架绿化材料。果、茎蔓、根均可入药。

掌状复叶有小叶 3 枚，卵形，缘有波状齿。

三叶木通为落叶木质藤本，长达 10 米，茎、枝无毛，灰褐色。

总状花序，花较小，雌花褐红色，雄花紫色。

### 营养成分
（以100g为例）

| 蛋白质 | 1.0g |
|---|---|
| 脂肪 | 0.13g |
| 磷 | 20mg |
| 铁 | 6.4mg |
| 钙 | 242mg |

### 食用方法

春季采集幼嫩茎叶，去杂洗净后用沸水稍烫，再用清水反复冲洗以去除异味后，可与其他菜品一起炒食，也可加入调料凉拌。8 月份时采集鲜果，可直接食用。

## 药典精要

《草木便方》："补肾益精，强阴。治劳伤，疝气，腰脚肿疼，损伤。"
《分类草药性》："治风湿腰痛，膀胱疝气，咳嗽。"
《重庆草药》："治痨伤吐血，闭经，腰背痛，痔漏，带浊，月瘕，跌打损伤。"
《浙江民间常用草药》："祛风止痛，行气活血，利尿解毒。"

**实用偏方：**
【关节风痛、闭经】三叶木通藤茎 25 克，水煎服，或冲黄酒服。
【尿闭】三叶木通根 20 克。水煎服。
【胃肠胀闷】三叶木通根、红木香各 25 克。加水煎服。

# 地榆

## 凉血止血，清热解毒

地榆的嫩茎叶可食，入药部位是根茎，煎剂内服可辅助治疗吐血、咯血、衄血、尿血、便血、痔血、血痢、崩漏、赤白带下、疮痈肿痛、湿疹、阴痒、水火烫伤、蛇虫咬伤等症。鲜根疗效较好。

**分布情况一览：**
主产于江苏，安徽、河南、河北、浙江等地

**特殊用途：**
叶片可用于沙拉、汤、香甜酒、煨菜和鸡尾酒。

穗状花序椭圆形、圆柱形或卵球形，直立，紫色至暗紫色。

根粗壮，多呈纺锤形，稀圆柱形，表面棕褐色或紫褐色。主茎直立，有棱，无毛或基部有稀疏腺毛。

基生叶为羽状复叶，有小叶4~6对，叶柄无毛或基部有稀疏腺毛。

**营养成分**
（以100g为例）

| | |
|---|---|
| 蛋白质 | 3.8g |
| 粗脂肪 | 0.9g |
| 碳水化合物 | 9g |
| 粗纤维 | 1.6g |
| 维生素C | 216mg |
| 胡萝卜素 | 8.24mg |

## 食用方法

春季采幼苗，夏季采嫩叶、嫩花穗洗净后用开水烫熟，再用凉水浸去苦味，挤干水分后可凉拌、炒食、做馅。地榆的叶子因为味似琉璃苣而被广泛用于法国、意大利菜，还可用于沙拉、香甜酒、煨菜和鸡尾酒中。

## 药典精要

《本草选旨》："地榆，以之止血，取上截炒用。以之行血、取下截生用。以之敛血，则同归、芍。以之清热，则同归、连。以之治湿，则同归、芩。以之治血中之痛，则同归、萸。以之温经而益血，则同归、姜。大抵酸敛寒收之剂，得补则守，得寒则凝，得温暖而益血归经，在善用者自得之而已。"

**实用偏方：**
【血痢不止】地榆100克，甘草（炙、锉）25克，两者粗捣筛，混合后每次取25克，以水1000毫升煎煮，煎剩700毫升，去渣温服，白天分2次服用，夜间1次。

# 野西瓜苗

## 清热解毒，利咽止咳

野西瓜苗可清热解毒、祛风除湿、止咳、利尿，多用于辅助治疗急性关节炎、感冒、咳嗽、肠炎、痢疾等症。并且对风湿性关节炎、腰腿痛、关节肿大、四肢发麻等也有特殊的疗效。其种子可润肺止咳，补肾。

**分布情况一览：**
分布江苏、安徽、河北、贵州以及东北等地。

**适用人群：**
一般人群皆可食用，使用前请先局部试用，以免发生皮肤过敏。

花单生于叶腋，线形，萼钟状，裂片三角形；花冠淡黄色，有紫心。

茎梢柔软，直立或者稍微卧生。

叶近圆形，边缘具齿裂，中间裂齿较大，裂片倒卵状长圆形，先端钝，边缘具有羽状缺刻或大锯齿。

**食用方法**
嫩茎叶洗净，以沸水焯熟后，换凉水浸泡 2~3 小时，以去除异味，加入调料，凉拌、做汤均可，也可与肉类炖食。味道鲜美，清爽可口，具有清热解毒、润肺止咳的功效。

**营养成分**

| 粗蛋白 | 糖类 |
|---|---|
| 粗脂肪 | 氨基酸 |
| 粗纤维 | 多肽 |
| 生物碱 | 黄酮类 |
| 萜类 | 甾体类 |

## 药典精要

《江苏植药志》："治腹痛。"
《东北常用中草药手册》："清热去湿，润肺止咳。"
《怒江药》："全草治急性关节炎，感冒咳嗽，痢疾，肺结核咳嗽。"
《蒙植药志》："全草治风湿痹痛，风热咳嗽，腰腿痛，关节肿大，肠炎，泄泻，痢疾；外用治烫火伤，疮毒。"

**实用偏方：**
【风热咳嗽】：野西瓜苗 25 克，白糖 15 克，煎水服。
【急性关节炎】：野西瓜苗（鲜品）100 克。水煎服。
【烫火伤】：野西瓜苗泡麻油，或研末，调桐油外敷。

# 柳树芽

## 清热解毒，养肝明目

柳芽味苦，具有清热解毒、祛火利尿的功效，常用来辅助治疗上呼吸道感染、咽喉炎、支气管炎、肺炎、病毒性肝炎、腮腺炎、乳腺炎、膀胱炎、尿道炎、丹毒等多种炎症感染，老年人常食还可防治高血压、高脂血症等。

**分布情况一览：**
以西南高山地区和东北种类最多，其次是华北和西北。

**特殊用途：**
可做绿化树种，编造器具，可入药。

叶互生，线状披针形，两端尖削，边缘具有腺状小锯齿，两面均平滑无毛，具有托叶。

小枝细长，下垂，淡紫绿色或褐绿色，无毛或幼时有毛。

花开于叶后，雄花序为荑荑花序，有短梗，略弯曲。

## 食用方法

春季将摘来的新鲜柳芽洗净，放入开水中煮沸 5～10 分钟，再放入冷水中浸一夜，以去除异味，次日捞出凉拌着吃，或包团子、蒸饺子都很好吃，也可与其他菜品一起炒食。

### 营养成分

| 蛋白质 | 脂肪 |
|---|---|
| 维生素 | 鞣质 |
| 水杨酸糖甙 | 柳酸 |
| 碳水化合物 | 碘 |

## 实用偏方

【咯血】将柳树芽与茶叶一起冲泡做茶饮，长期坚持饮用。

【风湿性关节炎和急性尿潴留】鲜嫩叶 3 克，水煎内服。

【急性黄疸性肝炎】带叶的柳树枝 60 克，加水 500 毫升，煎至 300 毫升，分 2 次服。

【走马牙疳】用柳树的花烧存性，加麝香少许涂搽。

**小贴士：**
柳芽不可焯水时间过长，以不变色为佳、以免失去苦鲜味。另外，食用前一定要多次换水浸泡，充分释去柳芽的苦涩，以免导致不适症状发生。喜甜食者可加糖调味。

# 刺龙芽

## 益气补肾，祛风利湿

刺龙芽中含有多种维生素和胡萝卜素，还含有谷氨酸等8种氨基酸以及人体必需的微量元素，可以改善气虚乏力、肾虚阳痿、胃脘痛、消渴等症状。主治失眠多梦、风湿骨痹、腰膝无力、跌打损伤、骨折、水肿、脱肛、疥癣等。

### 小档案

性味：性平，味辛、微苦。
习性：喜偏酸性土壤。
繁殖方式：种子繁殖和扦插繁殖。
采食时间：4～6月。
食用部位：嫩芽。

### 食用方法

采其未展开、长度不超过15厘米的嫩芽，用沸水浸烫5~7分钟，清水浸泡后炒食、做汤、蘸酱或腌制。

### 分布情况一览

生长于海拔1000米左右的山地森林中，分布于黑龙江、吉林、辽宁。

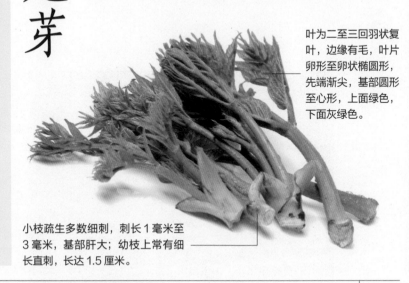

叶为二至三回羽状复叶，边缘有毛，叶片卵形至卵状椭圆形，先端渐尖，基部圆形至心形，上面绿色，下面灰绿色。

小枝疏生多数细刺，刺长1毫米至3毫米，基部肝大；幼枝上常有细长直刺，长达1.5厘米。

# 牡荆

## 祛风解表，止咳平喘

牡荆的叶可入药，辅助治疗风寒感冒、痧气腹痛吐泻、痢疾、风湿痛、脚气、流火、痈肿、喉痹肿痛、足癣等症。根据中药典籍记载，牡荆内服治感冒；外用煎水洗皮肤病，消疮肿及风湿等。

### 小档案

性味：性凉，味甘苦。
习性：喜光，耐荫，耐寒，对土壤要求不严，适应性强。
繁殖方式：播种、扦插、压条。
采食时间：春夏季采集嫩芽叶和花朵。
食用部位：嫩芽叶可食，花朵可泡茶。

### 食用方法

将采集到的嫩芽叶洗净，用开水浸烫后，再用冷水漂清异味，炒食。

### 分布情况一览

分布于华东及河北、湖南、湖北、广东、广西、四川、贵州。

果实球形，黄褐色至棕褐色。

叶对生，掌状5出复叶，小叶片边缘有多数锯齿，无毛或稍有毛。

圆锥状花序顶生，花萼呈钟形，花冠淡紫色，顶端5裂片。

# 野芝麻

## 活血止痛，利湿消肿

野芝麻的花具有调经、利湿的功效，用于月经不调、白带、子宫颈炎、小便不利。全草入药可凉血止血、利尿通淋、渗湿束带、散淤消肿、调经利湿，治肺热咯血、血淋、白带、痛经、月经不调、膀胱炎、跌打损伤、肿毒等症。

**分布情况一览：**
分布于东北、华北、华东各地。陕西、甘肃，湖北、湖南、四川、贵州等地均有之。

小坚果呈倒卵圆形，黄褐色，先端截形，基部渐狭。

叶对生，叶卵圆形或肾形，边缘具粗牙齿，有伏毛。

轮伞花序着生于茎端，花冠白或浅黄色。

根茎有长地下匍匐枝，单生，直立，四棱形，具浅槽，中空，几无毛。

## 食用方法

春夏季采集幼苗及嫩茎叶，洗净后用沸水浸烫，再用清水漂洗，挤干水分后可配菜、配汤或凉拌食用，独具风味且有抗炎作用。做成野芝麻酱菜是非常经典的吃法，可调理肝肾。

**营养成分**

| | |
|---|---|
| 胡萝卜素 | 黏液质 |
| 抗坏血酸 | 鞣质 |
| 挥发油 | 皂甙 |
| 异槲皮甙 | 山柰酚 |
| 葡萄糖甙 | 又糖甙 |
| 野芝麻甙 | 芸香甙 |

## 药典精要

《东北药植志》："花，治白带及月经困难。清热凉血。"
《黑龙江中药》："花，清血止血，治月经不调和月经前后腹痛。"
《草药手册》："野芝麻、山莴苣、萱草，共捣烂敷患处。治肿毒，毒虫咬伤。用于月经不调，白带，子宫颈炎。"

**实用偏方：**
【咯血咳嗽】野芝麻25克，鹿衔草25克，一同煎服。
【月经不调】野芝麻25克水煎，日服2次。
【小儿虚热】野芝麻15克，地骨皮15克，石斛20克，水煎服。

# 薤白

## 通阳散结，行气导滞

　　薤白含大蒜氨酸、甲基大蒜氨酸、大蒜糖，入药具有辛散苦降、温通滑利、通阳、散结、下气的作用，是治疗胸痹的重要药物。薤白还有行气导滞、消胀止痛的作用，与砂仁、木香等同用可治胃寒，单用也可治胃肠气滞。

**分布情况一览：**
分布于长江流域和北方各省区。

**适用人群：**
适宜冠心病、心绞痛、胸闷不舒、肠炎、痢疾、小儿疳痢者食用。

叶片线形，长 20~40 厘米，宽 3~4 毫米，先端渐尖，基部鞘状，抱茎。

伞形花序半球状至球状，具多而密集的花，或间具珠芽或有时全为珠芽。

鳞茎外皮带黑色，纸质或膜质，不破裂。

蒴果质坚硬，角质，不易破碎，以个大、质坚、饱满、黄白色、半透明为佳。

**营养成分**
（以100g为例）

| 脂肪 | 0.4g |
|---|---|
| 蛋白质 | 3.4g |
| 膳食纤维 | 0.9g |
| 碳水化合物 | 27.1g |
| 维生素C | 36mg |
| 钙 | 100mg |

## 食用方法

秋季采集嫩叶或鳞茎，可炒食，也可焯熟后盐渍或糖渍。薤白也可加入各类菜肴中烹调以调味。薤白炒鸡蛋、薤白肉丝都是经常食用的菜谱，受到人们的喜爱。不宜与韭菜同食，不耐蒜味者少食。

**药典精要**

《别录》："归于骨。除寒热，去水气，温中散结。诸疮中风寒水肿，以涂之。"
《千金·食治》："能生肌肉，利产妇。骨鲠在咽不下者，食之则去。"
《陆川本草》："薤白、木瓜华各9克，猪鼻管120克。水煎服。方中薤白下气散结，为臣药。治鼻渊。"

**实用偏方：**
【心绞痛】薤白、瓜蒌仁各9克，半夏4.5克，水煎去渣，一日2次以少许黄酒冲入温服。
【小儿疳痢】鲜薤头捣烂如泥，用米粉和蜜糖适量拌和做饼。

# 歪头菜

## 补虚调肝，止咳化痰

歪头菜全株入药，具有解痉止痛和抗胃溃疡作用，可以促进溃疡的愈合，辅助治疗胃、十二指肠溃疡。其所含的木樨草成对咳痰、喘症均有一定疗效，还能降低胆固醇的含量，也可作为高血压、冠心病患者的辅助食疗。

**分布情况一览：**
我国东北、华北、西北、华东、华中、西南地区。

**适用人群：**
适合作为十二指肠溃疡、咳痰、喘症、高血压、冠心病患者的辅助食疗。

根茎粗壮，近木质。茎直立，常数茎丛生，有棱，无毛或疏生柔毛。

荚果狭矩形，两侧扁，无毛，种子扁圆形，棕褐色。

羽状复叶，互生；小叶2枚，大小和形状变化很大，卵形至菱形，叶柄短。

花冠紫色或紫红色，旗瓣提琴形，先端微缺。

**营养成分**
（以100g为例）

| | |
|---|---|
| 蛋白质 | 2.5g |
| 糖类 | 13g |
| 粗纤维 | 5.4g |
| 胡萝卜素 | 5.43mg |
| B族维生素 | 20.94mg |
| 钙 | 298mg |

## 食用方法

歪头菜采摘后去杂洗净，入沸水锅焯一下捞出，可凉拌、炝炒、烩食均可。

## 药典精要

《贵州民间药物》："可滋补虚损，治痨伤、头晕"。
《长白山植物药志》："补虚调肝，理气止痛，主治胃痛，体虚浮肿。内服煎剂用法用量为15～25克；外用适量，捣烂敷患处。"

**实用偏方：**
【痨伤】歪头菜根25克，蒸酒50毫升，每日服3次。
【头晕】歪头菜嫩叶15克，蒸鸡蛋吃。
【虚劳】歪头菜250克洗净焯烫，蒜泥10克，两者加调味品拌匀即可。

# 酸模叶蓼

### 利湿解毒，散淤消肿

全草入中药，具利湿解毒、散淤消肿、止痒、利尿、消肿、止痛、止呕功能。其果实为利尿药，主治水肿和疮毒，用鲜茎叶混食盐后捣汁，治霍乱和日射病有效，外用可敷治疮肿和蛇毒。

茎直立，上部分枝，粉红色，节部膨大。

叶片宽被针形，大小变化很大，顶端渐尖或急尖。

## 小档案

**性味：** 性温，味辛。
**习性：** 生于路旁湿地和沟边。
**繁殖方式：** 种子繁殖。
**采食时间：** 春季。
**食用部位：** 嫩叶。

## 食用方法

去杂洗净，水烧开后将酸模叶蓼嫩叶放入沸水中焯熟，捞出泡1小时去除苦味，洗净后凉拌或炒食均可，也可炖汤。

## 分布情况一览

分布于黑龙江、辽宁、河北、山西、山东、安徽、湖北、广东。

# 翻白草

### 清热解毒，散淤生新

翻白草的全草皆可入药，把鲜翻白草叶揉碎敷在伤口处，可防止外伤出血。翻白草的根中含有鞣质及黄酮类，可清热、解毒、止血、消肿，治痢疾、疟疾、肺痈、咯血、吐血、下血、崩漏、痈肿、疮癣等。

叶小，顶端叶近无柄，小叶长椭圆形或狭长椭圆形。

花小，黄色，聚伞状排列。

茎上升向外倾斜，多分枝，表面具白色卷绒毛。

## 小档案

**性味：** 性平，味甘、微苦。
**习性：** 温和湿润气候。
**繁殖方式：** 种子繁殖。
**采食时间：** 春季。
**食用部位：** 嫩茎叶。

## 饮食宜忌

阳虚有寒、脾胃虚寒者忌服。

## 食用方法

幼苗、嫩茎叶，洗净后用开水烫一下，再在凉水中洗去苦味，炒食或凉拌皆可。

## 分布情况一览

全国各地均产。主产河北、安徽等地。

第一章　茎叶类野菜

# 反枝苋

## 清热明目，通利二便

反枝苋具有收敛消肿、解毒治痢、抗炎止血等功效。可辅助治疗尿血、内痔出血、扁桃体炎等症。其中含有多种氨基酸，尤其含赖氨酸，是人体所必需的，而玉米、小麦、大米等谷物中含量较少，因此常吃对人体的健康很有益。

### 小档案

性味：性凉，味甘。
习性：喜湿润环境，亦耐旱。
繁殖方式：种子繁殖。
采食时间：春夏。
食用部位：嫩茎叶。

### 饮食宜忌

脾虚便溏者慎用，且不宜与鳖同食。

### 食用方法

嫩茎叶放入沸水焯后捞出，可凉拌、热炒、制馅、做汤等。

### 分布情况一览

黑龙江、吉林、辽宁、内蒙古、河北、山东、山西、河南、陕西、甘肃、宁夏。

圆锥花序顶生及腋生，直立；苞片及小苞片钻形，白色。

叶片菱状卵形或椭圆状卵形，全缘或波状缘。

# 二月兰

## 软化血管，预防血栓

诸葛菜嫩叶和茎均可食用，营养丰富。种子亚油酸含量比例较高，对人体极为有利。亚油酸具有降低人体内血清胆固醇和甘油三酯的功能，并可软化血管和阻止血栓形成，是心血管病患者的良好食疗之物。

### 小档案

性味：性平，味甘辛。
习性：对土壤光照条件要求较低，耐寒旱。
繁殖方式：种子繁殖
采食时间：3~4月份
食用部位：嫩茎叶。

### 特殊用途

园林绿化，栽于住宅小区、高架桥下，既可独立成片种植，也可与各种灌木混栽。

### 食用方法

采后只需用开水焯一下，去掉苦味即可炒食或凉拌。

### 分布情况一览

常见于东北、华北等地区。

总状花序顶生，花朵多为蓝紫色或淡红色。

基生叶和下部茎生叶羽状深裂，叶基心形，叶缘钝齿。

# 小藜

## 清热解毒，祛湿止泻

全草入药，具有祛湿解毒、解热、缓泻之效，能有效治疗缓解中毒、疥癣、痔疮、便秘等症，也适宜风热感冒、肺热咳嗽、腹泻、细菌性痢疾、荨麻疹、湿疹、白癜风、虫咬伤、湿毒、疖瘙痒等病症的辅助治疗。

### 小档案
性味：性凉，味甘苦。
习性：喜欢生长于温润具轻度盐碱的沙性土壤上。
繁殖方式：种子繁殖。
采食时间：春夏。
食用部位：幼苗，嫩茎叶。

### 食用方法
幼苗、嫩茎叶和花穗均是可口的野菜，采摘后用清水冲洗干净，放入沸水锅中焯烫1分钟，捞出过凉洗净，可凉拌、炒食或者煮汤、腌制均可。

### 分布情况一览
全国各地。

花两性，花序腋生或顶生，花簇细而疏，花被近球形。

叶互生，椭圆形或三角形，边缘具波状牙齿，先端钝，基部楔形。

茎直立，分枝，有角棱及条纹。

# 宝盖草

## 清热利湿，活血祛风

宝盖草全草入药，可治筋骨疼痛、手足麻木、痰火肿痛等，有养筋、活血、止遍身疼痛的功效，其鲜品可清热利湿，活血祛风，消肿解毒。适用于淋巴结结核、高血压、面神经麻痹的辅助治疗。外用治跌打伤痛、骨折、黄水疮。

### 小档案
性味：性平，味辛、苦。
习性：喜欢阴湿、温暖气候，生于路边、荒地。
繁殖方式：种子繁殖。
采食时间：3~4月。
食用部位：嫩茎叶。

### 食用方法
春夏季采幼苗及未开花的嫩茎叶，洗后用沸水浸烫，再用清水漂洗去苦味，凉拌、炒食、做汤均可。

### 分布情况一览
东北地区以及江苏、浙江、四川、江西、云南、贵州、广东、广西、福建、湖南、湖北、西藏。

花无柄，腋生，无苞片，花萼管状，花冠紫红色。

叶肾形或圆形，基部心形或圆形，边缘有圆齿和小裂。

茎软弱，方形，常带紫色，被有倒生的稀疏毛。

# 中华秋海棠

## 小档案

性味：味苦、涩，性平。

习性：喜温暖湿润气候，喜光。耐寒性极强，稍耐阴。

繁殖方式：种子。

采食时间：4月采花，12月采果。

食用部位：嫩叶芽及花苞。

## 食用方法

未开花的花苞可作蔬菜食用，先用沸水浸烫后，用清水漂去异味，炒、煎、蒸、炸、腌、凉拌、做汤均可。

## 分布情况一览

秦岭、长江流域以南温暖湿润多雨地区。

## 清热解毒，活血消炎

中医认为，中华秋海棠性凉，味酸、微涩，内服主要用于痢疾、肠炎、疝气、腹痛、崩漏、痛经、赤白带等，外用可治疗跌打肿痛、疮疖。有微毒，过量食用会引起皮肤瘙痒、呕吐、腹泻、咽喉肿痛、呼吸困难等症状。

花单性，雌雄同株，花粉红色。

茎高20~40厘米，肉质，少分枝。

---

# 毛罗勒

## 小档案

性味：味苦辛，性平。

习性：喜光，稍耐半阴的植物，耐寒，不耐水淹，耐干旱瘠薄。

繁殖方式：播种、分株、扦插。

采食时间：夏、秋季节采收。

食用部位：嫩芽、花朵，根、叶可入药。

## 食用方法

花朵晒干，可泡茶饮，也可用沸水焯熟后凉拌或做汤。

## 分布情况一览

广东、广西、江西、湖南、浙江、湖北、四川、贵州、云南。

## 健脾化湿，祛风活血

中医认为，毛罗勒性温，味辛，挥发油中含有的芳樟醇等有效物质，具有平喘止咳、祛痰、抑菌的作用。可辅助治疗腹痛、呕吐、腹泻、外感发热，月经不调、跌打损伤、皮肤湿疹等症。

花冠淡紫色或上唇白色，下唇紫红色，唇片外面具微柔毛，内面无毛。

叶对生；叶柄被极多疏柔毛。

## 朝天委陵菜

### 清热解毒，凉血止痢

朝天委陵菜性寒，味苦，6~9月枝叶繁茂时割取全草入药。全草含黄酮类化合物，有清热解毒、凉血止痢之效，可辅助治疗感冒、发热、肠炎、热毒泻痢、痢疾、血热、各种出血等症状。鲜品外用可治疗疮毒痈肿及蛇虫咬伤。

### 小档案

性味：性寒，味苦。
习性：田边、路旁、河边、沟边或沙滩等湿润草地。
繁殖方式：种子繁殖
采食时间：3~6月
食用部位：嫩茎叶。

### 食用方法

摘嫩茎叶，先用开水烫过，冷水浸泡去涩味然后炒食；秋季或早春才挖块根煮稀饭，味香甜；也可酿酒、药用。

### 分布情况一览

东北、华北、西南、西北及华北。

花单生，花瓣5片，黄色。

茎基部分枝，平铺或斜升，疏生柔毛。

## 刺芹

### 疏风除热，芳香健胃

刺芹性温，可行气、健胃、治腹胀、食滞。中医药理记载其对感冒、咳喘、麻疹不透、咽痛、胞痛、脘腹胀痛、泻痢、肠痈、肝炎、淋痛、水肿、疮疖、烫伤、跌打伤肿痛、蛇咬伤均有疗效。

### 小档案

性味：性温，味辛。
习性：喜湿。
繁殖方式：种子繁殖。
采食时间：一年四季均可。
食用部位：嫩茎叶。

### 饮食宜忌

怀孕或正在哺乳的女性，对芹菜、茴香等过敏者禁食。

### 食用方法

采摘洗净后，用沸水烫去苦味，捞出后凉拌、炒食皆可。

### 分布情况一览

生于林边、路旁。分布于广东、广西、云南等地。

叶对生，无柄，边缘有深锯齿，齿尖刺状。

头状花序生于茎的分叉处以及上部枝条的短枝上，呈圆柱形。

茎直立，粗壮，有数条槽纹，聚伞式的分枝。

# 野艾蒿

## 调理气血，清热解毒

中医认为，艾叶有理气血、逐寒湿、温经、止血、安胎、杀虫利湿、清热解毒等作用,全草入药具有抗菌、抗病毒、平喘、镇咳、祛痰、止血、抗凝血、镇静、抗过敏以及护肝利胆作用。用于治疗虫病、炭病、疫疠、皮肤病等症。

### 小档案

性味：性平，味甘。
习性：阳生。
繁殖方式：播种。
采食时间：冬春季节。
食用部位：嫩芽和嫩枝头。

### 食用方法

野艾蒿用清水洗净后，用开水煮3~5分钟，捞起去水，煮烂后捞出再用清水洗净，然后挤干水分加进糯米粉揉成团，做剂子，可作饼、饺子、艾青团等糕点。

### 分布情况一览

分布范围广，全国大部分都有。

叶纸质，具密的白色腺点，着毛，老时脱落至近无毛。

主根明显，根茎稍粗。茎直立，高50至120厘米，具纵棱，分枝多。

---

# 泥胡菜

## 清热解毒，消肿祛淤

中医认为，泥胡菜性凉，味苦，具有清热解毒、祛淤生肌、健脾和胃的作用，可改善痔漏、痈肿疔疮等症，还可止外伤出血，促进骨折痊愈。全草入药，可辅助治疗乳腺炎、疔疮、颈淋巴炎、痈肿、牙痛、牙龈炎等病症。

### 小档案

性味：性凉，味苦。
习性：喜湿、耐微碱。
繁殖方式：种子。
采食时间：冬春。
食用部位：嫩茎叶。

### 饮食宜忌

一般人群均可食用，孕妇慎用。

### 食用方法

嫩茎叶用开水浸烫后，在清水中浸泡1~2天，捞出沥水后炒食或凉拌；泥胡菜用还可以用开水烫熟，弄碎后加糯米粉揉成团，做糕点。

### 分布情况一览

我国各地均有分布。

头状花序多数，总苞球形，背面顶端下有紫红色鸡冠状附片，花紫红色，全部为管状花。

全株高30~90厘米，茎直立，光滑或者有白色蛛丝形状毛。

# 抱茎苦荬菜

## 清热解毒，消肿止痛

抱茎苦荬菜全草入药，在药理上具有镇静和镇痛作用。鲜品捣敷或煎水熏洗患处，可治头痛、牙痛、吐血、痢疾、泄泻、肠痈、胸腹痛、痈疮肿毒、外伤肿痛。外用通常取鲜品适量，捣敷；或取干品研末调搽，或煎水洗漱。

**小档案**

性味：性寒，味苦辛。
习性：适应性较强，多生于路边、山坡、荒野。
繁殖方式：种子。
采食时间：春、夏季。
食用部位 幼苗可食，全株入药。

**食用方法**

将采摘来的幼苗洗净，用沸水氽烫 2 分钟左右，再用清水浸泡去除苦味，捞出沥干后凉拌、炒食，也可炖汤。

**分布情况一览**

分布于东北、华北、华东和华南等地。

中部叶无柄，中下部叶线状披针形。

舌状花多数，黄色。

---

# 山韭

## 健脾养血，强筋壮骨

山韭菜作菜食，有养血健脾、强筋骨、增气力的功效。连根捣汁，敷至患处可治跌打损伤。把根和赤石脂捣烂，晒干为末，擦刀斧伤，可加速创口除肌肉生长。山韭菜还可活血散淤、祛风止痒，治疗枪伤、荨麻疹、牛皮癣、漆疮。

**小档案**

性味：性平，味辛甘。
习性：生于海拔2000~5000米的湿润草坡、林缘、灌丛下或沟边。
采食时间：春夏季。
食用部位：嫩茎叶、花序。

**饮食宜忌**

一般人群皆可，尤适于外伤患者。

**食用方法**

春夏季节采其嫩叶，洗净后炒食、凉拌或腌渍。

**分布情况一览**

分布于云南、湖南、广西、西藏等地。

叶呈狭条形至宽条形，肥厚，基部近半圆柱状，上部扁平，有时略呈镰状弯曲。

茎粗壮，横生，鳞茎单生或者数枚聚生，近狭卵状圆柱形或近圆锥状。

# 连翘

## 清热解毒，散结消肿

　　中医认为，连翘有抗菌、强心、利尿、镇吐等功效，是清热解毒的良药，适用于热病初起、风热感冒、发热、心烦、咽喉肿痛、急性肾炎、痈肿疮毒等症状，其抑菌作用与金银花相似。其叶对治疗高血压、痢疾、咽喉痛效果较好。

**分布情况一览：**

辽宁、河北、河南、山东、江苏、湖北、江西、云南、山西、陕西、甘肃。

第一章　茎叶类野菜

单叶对生，或成为3小叶，叶片卵形、长卵形、广卵形以至圆形。

花冠基部管状，金黄色，通常具橘红色条纹。

枝开展或伸长，稍带蔓性，常着地生根，小枝呈四棱形。

### 食用方法

春季采集嫩茎叶，去杂洗净入沸水锅中焯熟后，捞出用清水漂洗一天，可与其他菜品一起炒食，也可加入调料凉拌，或与肉类一起做汤，也可做馅。连翘性凉，脾胃虚弱、气虚发热、痈疽已溃、脓稀色淡者忌服。

### 营养成分

| | |
|---|---|
| 白桦脂酸 | 无机盐 |
| 维生素 | 熊果酸 |
| 齐墩果酸 | 牛蒡子苷 |
| 蛋白质 | 罗汉松脂 |

### 实用偏方

【太阴风温、温热、瘟疫、冬温 初起热但不恶寒而渴者】连翘、银花各50克，苦牛蒡子、桔梗、薄荷各30，芥穗、竹叶各20克，生甘草、淡豆豉各25克，上杵为散，煎汤服，每服30克，勿过煮。
【疮疖肿、恶疮、大便溏泄】连翘、山栀子、甘草、防风各等分，上为粗末，每服15克，水煎，去滓，温服，不拘时候。

### 小贴士：

"青翘"在9月上旬，果皮呈青色尚未成熟时采下，置沸水中稍煮片刻，或放蒸笼内蒸约半小时，取出晒干，以色青绿为佳。"黄翘"10月上旬果实熟透变黄、果壳裂开时采收，筛去种子（可作种用）。

# 黄荆

## 清热止咳，化痰利湿

黄荆根茎的主要功效是清热止咳、化痰截疟，用以治疗支气管炎、疟疾、肝炎。叶用于感冒、肠炎、疟疾、泌尿系感染，外用可治湿疹、皮炎、煎汤外洗可治脚癣。果实可止咳平喘、理气止痛，用于咳嗽哮喘、消化不良、肠炎痢疾。

### 小档案

性味：性平，味苦、微辛。

习性：生于向阳山坡、原野，耐旱、耐瘠瘠。

繁殖方式：播种、扦插、压条。

采食时间：春夏季。

食用部位：嫩芽叶。

### 食用方法

将采集到的嫩芽叶洗净，用开水浸烫几分钟后，再用冷水漂清异味，炒食。

### 分布情况一览

分布于华东、华南、西南及西北。

核果球形，黄褐色至棕褐色。

聚伞花序成对组成穗状圆锥花序，花萼钟状，花冠淡紫色、紫红色或偶带粉白色，唇形5裂。

掌状复叶、对生，小叶3~5枚，前端长尖，小叶边缘有缺刻状锯齿。

# 五叶木通

## 清热利尿，通经活络

五叶木通是一种珍贵的中药材，果、茎蔓、根均可入药，具有清热利尿、通经活络、镇痛、排脓、通乳等功效，多用于泌尿系感染、小便不利、风湿关节痛、月经不调、红崩、白带、乳汁不下等。

### 小档案

性味：性寒，味苦。

习性：喜半阴环境，稍畏寒。

繁殖方式：播种或压条繁殖。

采食时间：春季、秋季采食。

食用部位：幼嫩茎叶、果实。

### 食用方法

春季采集幼嫩茎叶，洗净后用沸水稍烫，再用清水反复冲洗后炒食或凉拌；8月份时采集鲜果，可直接食用或用来酿酒。

### 分布情况一览

原产我国东部。广布于长江流域各省。

掌状复叶互生，常簇生短枝顶端，叶柄细长，小叶5片，倒卵形至长倒卵。

幼枝灰绿色，有纵纹。

总状花序，花较小，夏季开紫色花，短总状花序腋生。

# 水田碎米荠

## 清热利湿，凉血调经

夏季采水田碎米荠全草，洗净、晒干后入药，主治肾炎水肿、痢疾、吐血、崩漏、月经不调、目赤、云翳。用田碎米荠，煨水服，可有效辅治痢疾或吐血。水田碎米荠主肾，对肾炎水肿有较好的辅疗作用。

### 小档案

性味：性平，味甘。

习性：喜水田边、溪边或浅水处。

繁殖方式：种子繁殖。

采食时间：春季。

食用部位：嫩苗。

### 食用方法

春季采嫩茎叶，洗净后用开水烫一下，再用清水浸洗后，炒食、凉拌或做汤。

### 分布情况一览

分布于东北及内蒙古、河北、江苏、安徽、浙江、江西、河南、湖北、湖南等地。

总状花序项生，具花 10~20 余 朵，花瓣 4，白色，倒卵形。

生于匍匐茎上的叶为单叶，互生，心形或圆肾形。

茎直立，单一，不分枝，表面有沟棱。

---

# 大叶碎米荠

## 消肿补虚，利尿止痛

大叶碎米荠为十字花科多年生草本植物，味甘，性平，具有疏风清热、利尿解毒，消肿补虚的功效，主治虚劳内伤、头晕、体倦乏力、红崩、白带等症。全草入药，可利小便、止痛，还被用来辅治败血病。

### 小档案

性味：性平，味甘。

习性：生长于海拔 1600~4200 米山坡灌木林下、沟边、石隙、高山草坡水湿处。

繁殖方式：种子繁殖。

采食时间：春季采食嫩茎叶。

食用部位：嫩茎叶、嫩苗。

### 食用方法

春季采嫩茎叶洗净后用沸水烫一下，再用清水浸泡冲洗，可用来炒食、凉拌、煮菜或者粥。

### 分布情况一览

主要分布在四川、云南、贵州等地。

总状花序多花，花瓣淡紫色、紫红色，少有白色，倒卵形。

叶互生，奇数羽状全裂，裂片为长椭圆形或阔披针形。

茎比较粗壮，呈圆柱形，直立，不分枝或上部分枝。

## 碎米荠

### 清热利湿，止痢止血

碎米荠中含蛋白质、脂肪、维生素 A、糖类物质，全草药用可疏风清热、利尿解毒，治痢疾肠炎、乳糜尿及各种出血。治痢疾腹痛时，可使用全草（干品）3~15 克，加扁豆花 2~9 克，水煎后去渣，每日分 2 次服饮。

**小档案**

性味：性平，味甘。

习性：适宜温度范围为 10~25℃，稍喜弱光，喜疏松土壤。

繁殖方式：种子繁殖。

采食时间：春季。

食用部位：嫩叶。

**食用方法**

采集还未开花的嫩叶，洗净后用开水烫一下，再用清水浸洗后，炒食、凉拌、做汤或晒成干菜。

**分布情况一览**

主要生长于长江流域和福建、台湾，西南、华北和西北。

总状花序多数，生于枝顶，花瓣白色，倒卵状楔形。

茎部多分枝，斜升呈铺散状，表面疏生柔毛。

基生叶有叶柄，顶生小叶卵形，倒卵形或长圆形。

## 垂盆草

### 清热解毒，平肝利湿

垂盆草可清热解毒、消肿利尿、排脓生肌。使用垂盆草 100~200 克，加红糖、水煎服，可治疗急、慢性肝炎，并且可缓解患者的口苦、食欲淡退、小便黄赤等湿热症，还可治疗乳腺炎、丹毒、咽喉肿痛、口腔溃疡、湿疹、带状疱疹等。

**小档案**

性味：性凉，味甘。

习性：喜阴湿，喜肥，抗寒性强，耐湿、耐盐碱、耐贫瘠。

繁殖方式：分株、扦插繁殖。

采食时间：春夏季。

食用部位：嫩茎叶可食，全草入药。

**饮食宜忌**

脾胃虚寒者慎用。

**食用方法**

采未开花嫩茎叶，洗净后用开水烫熟，凉拌、炒食或做腌菜。

**分布情况一览**

南北方均有分布。

三叶轮生，叶倒披针形至长圆形，长 25 毫米左右，宽 5 毫米，先端近急尖，基部急狭。

匍匐茎，接近地面的节处易生根。

## 美丽胡枝子

### 清肺热，祛风湿

美丽胡枝子鲜茎、叶水煎服，可治小便不利。花可清热凉血。治肺热咯血、便血。根部入药可治扭伤、脱臼、骨折。将美丽胡枝子鲜根和酒糟一起捣烂，敷伤处。若骨折、脱臼者，应先复位后敷药。

### 小档案

性味：味苦，性平。
习性：喜光，喜肥，较耐寒。
繁殖方式：插条、分株及种子。
采食时间：春季。
食用部位：幼嫩芽叶、花朵可食。

### 食用方法

采摘幼嫩芽叶洗净，沸水浸烫后换清水浸泡、凉拌、炒食。采刚开的花，用盐水浸洗后，可炒食或煮汤。

### 分布情况一览

河北、山西、山东、河南均有野生分布。

花冠紫红色、白色。

复叶有小叶 3 片，卵形、卵状椭圆形或椭圆状披针形。

## 虎耳草

### 疏风清热，凉血解毒

虎耳草为全草入药，可疏风、清热、凉血解毒。鲜草加水煎服，可有效治疗风火牙痛、风疹瘙痒、湿疹等皮肤不适症状。虎耳草加冰糖可治肺热咳嗽、百日咳等，还可辅助治疗吐血、血崩、冻疮溃烂、毒虫咬伤、外伤出血等。

### 小档案

性味：性寒，味苦辛。
习性：喜阴凉潮湿环境，土壤肥沃、湿润。
繁殖方式：分株繁殖。
采食时间：夏季采集嫩茎叶。
食用部位：嫩茎叶可食，全草入药。

### 食用方法

将未开花的嫩茎叶采摘下来，洗净后放在沸水中烫熟，用清水浸洗去除苦味后，用于凉拌、炒食，也可炖汤。

### 分布情况一览

分布于华东、中南、西南及河北、陕西、甘肃等地。

匍匐茎细长，紫红色，有时生出叶与不定根。

叶具长柄，叶片近心形、肾形至扁圆形，裂片边缘具不规则齿牙和腺睫毛，背面有斑点。

# 灰绿藜

## 清热明目，降低血压

清热利湿，杀虫治痢疾，适用于腹泻、湿疮痒疹、毒虫咬伤，把茎叶洗净，煎汤饮服即可。也可以把灰绿藜捣烂，涂各种虫咬伤、去白癜风。此外也能烧成灰，加入荻灰、蒿灰各等分，再加水调和，蒸后取汁煎成膏。

### 小档案

性味：性平，味甘。
习性：多生长在田间、路边、荒地、宅边。
繁殖方式：种子繁殖。
采食时间：春夏。
食用部位：嫩茎叶。

### 饮食宜忌

若食用后裸露皮肤部分发生浮肿及出血等炎症，局部有刺痒、麻木感时立刻停止进食，并去医院救治。

### 食用方法

可炒食、凉拌、做汤。

### 分布情况一览

东北、华北、西北，以及浙江、湖南等地。

子叶狭披针形，先端钝，基部略宽，肉质。

籽实团伞花序排列成穗状或圆锥状，腋生或顶生；花被裂片3~4，少为5。

成株茎通常由基部分枝，斜上或平卧，有沟槽与条纹。

---

# 扶芳藤

## 舒筋活络，止血消淤

扶芳藤性平、味辛，主气血，能够活血通经，孕妇忌服用。主治腰肌劳损、风湿痹痛、关节酸痛、咯血、血崩、月经不调、跌打骨折、创伤出血等。将扶芳藤根皮加水煎服，可祛风湿疼痛，浸酒服用可帮助调治跌打损伤。

### 小档案

性味：性平，味辛。
习性：喜湿润，喜温暖，较耐寒，耐阴。
繁殖方式：扦插。
采食时间：春季。
食用部位：嫩茎叶。

### 饮食宜忌

适用于女性月经不调者，特别是经血量偏少者。

### 食用方法

春季采集嫩茎叶洗净后用沸水烫一下，凉拌、炒食、做汤皆可。

### 分布情况一览

分布于华北、华东、中南、西南。

枝上通常生长细根并具小瘤状突起。

叶对生，广椭圆形或椭圆状卵形以至长椭圆状倒卵形。

蒴果粉红色，果皮光滑，近球状，直径6~12毫米，果序梗长2~3.5厘米，小果梗长5~8毫米。

# 卫矛

## 通经破结，止血止带

卫矛既善破淤散结，又善活血、消肿、止痛，用于治疗经闭、痛经、产后淤阻腹痛、淤滞崩中。常与大黄、红花等配方，有很好的化淤消肿之效；用于治疗疝气痛、风湿关节痛、虫积腹痛等，还可治疗疹毒瘙痒、毒蛇咬伤。

### 小档案

性味：性寒，味苦。
习性：耐寒，耐荫，耐干旱、瘠薄。
繁殖方式：种子。
采食时间：春季。
食用部位：嫩茎叶。

### 饮食宜忌

孕妇忌用。

### 食用方法

春季采集嫩茎叶洗净后用沸水烫一下，凉拌、炒食、做汤皆可。

### 分布情况一览

产于我国东北、华北、西北及长江流域各地。

叶对生，叶片近革质或厚纸质，边缘有锯齿。

全株高2~3米。小枝四棱形，有约4排木栓质的阔翅。

聚伞花序，腋生，花黄绿色。

# 白车轴草

## 清热凉血，宁心安神

白车轴草能有效调节生理机能，帮助人体维持激素平衡。药理研究表明，白车轴草中含有帮助抗微生物的化合物，可有效地帮助抵抗细菌、病毒所引发的传染病；它还被当作血液净化剂，帮助体内毒素从皮肤、肾脏及胃肠排出。

### 小档案

性味：性平，味微甘。
习性：适应性广，抗热抗寒性强，可在酸性土壤中旺盛生长。
繁殖方式：种子传播。
采食时间：春季。
食用部位：嫩茎叶。

### 饮食宜忌

更年期女性宜多食。

### 食用方法

春季采摘嫩茎叶，洗净后用沸水浸烫，用以凉拌、炒食、做汤、拌面蒸食等。

### 分布情况一览

产于我国东北、华东、西南。

复叶有3小叶，呈倒卵形或倒心形。

花序头状，有长总花梗，高出于叶，花冠白色。

全株高约30厘米，茎匍匐蔓生，上部稍微上升，节上生有根，全株无毛。

# 凤仙花

## 活血通经，祛风止痛

凤仙花鲜品捣烂外敷，可治疮疖肿痛、毒虫咬伤。还用来治闭经腹痛，产后淤血不尽。全草捣汁，外用治跌打损伤。花瓣捣碎后，反复多次染指甲可根治灰指甲。凤仙花的种子为解毒良药，有通经、催产、祛痰、消积的功效。

### 小档案

性味：性温，味甘、微苦。
习性：性喜阳光，怕湿，耐热不耐寒。
繁殖方式：种子繁殖。
采食时间：春夏季。
食用部位：嫩茎叶。

### 饮食宜忌

孕妇忌服。

### 食用方法

嫩茎叶洗净后用沸水氽烫一下，凉拌、炒食。凤仙花的嫩茎用来腌制后食用，风味独特。

### 分布情况一览

南北方均有栽培。

叶互生，最下部叶有时对生，叶片披针形、狭椭圆形或倒披针形，先端尖或渐尖，基部楔形，边缘有锐锯齿。

花单生或 2~3 朵簇生于叶腋，无总花梗，红色、白色、粉红色或紫色，单瓣或重瓣。

# 爬山虎

## 祛风通络，活血解毒

爬山虎主治产后血结，可改善女性产后进食不利。腹中有块的症状，恶露淋漓不尽。白带不止也可服用。爬山虎还具有较好的活血祛风之效，古时被用作祛风止痛药，治疗风湿、腰脚软弱等症。外用可缓解跌打损伤、痈疖肿毒。

### 小档案

性味：性温，味甘涩。
习性：喜阴湿，耐寒，耐旱，耐贫瘠。
繁殖方式：种子、扦插、压条繁殖。
采食时间：春季。
食用部位：幼嫩叶。

### 饮食宜忌

爬山虎全草有毒，需慎食。

### 食用方法

春季采集嫩叶，用沸水烫过之后，用来凉拌、炒食、做汤、煮粥、腌菜等。

### 分布情况一览

分布广泛。

枝条粗壮，有卷须，卷须短，多分枝，顶端有吸盘。

叶互生，花枝上的叶宽卵形，幼枝上的叶较小，无毛，背面有白粉，秋季变为鲜红色。

## 鳢肠

### 收敛止血，补肝益肾

鳢肠是具滋养收敛的药，有收敛止血、补肝益肾、排脓的功效，主治肝肾不足、眩晕耳鸣、视物昏花、腰膝酸软、发白齿摇、劳淋带浊、咯血、尿血、血痢、崩漏、外伤出血。捣汁涂眉发，能促进毛发生长，内服有乌发、黑发的功效。

### 小档案

性味：味甘、酸，性寒，无毒。

习性：喜生于潮湿环境中。

繁殖方式：种子。

采食时间：9月份。

食用部位：嫩苗、嫩茎叶。

### 饮食宜忌

脾肾虚寒者慎服。

### 食用方法

采未开花的嫩茎叶，洗净后用开水浸烫，再用清水漂洗去除酸味，可炒食或做汤，也可凉拌。

### 分布情况一览

全国各地均有分布。

茎直立或平卧，被伏毛，着土后节上易生根。

舌状花雌性，颜色为白色，舌片小，全缘或2裂。

叶披针形、椭圆状披针形或条状披针形，全缘或有细锯齿，无叶柄或基部叶有叶柄。

## 千屈菜

### 清热解毒，凉血止血

千屈菜所含千屈菜甙、鞣质及胆碱等物质，煎服对葡萄球菌、伤寒杆菌和痢疾杆菌均有较强的抑制作用。其所含鞣酸有抗出血作用，故有清热解毒、凉血止血功效，适用于肠炎、痢疾、便血，外用治外伤出血。

### 小档案

性味：性寒，味甘。

习性：喜温暖，喜水湿，耐寒。

繁殖方式：以扦插、分株为主。

采食时间：4、5月。

食用部位：嫩茎叶。

### 饮食宜忌

一般人群皆可食用。

### 食用方法

嫩茎叶洗净后拌面蒸食，或入沸水浸烫后，用来凉拌、炒食或做汤。将千屈菜与马齿苋共同煮粥，清热凉血，解毒利湿。

### 分布情况一览

南北方均有野生。

长穗状花序顶生，多而小的花朵密生于叶状苞腋中，花玫瑰红或蓝紫色。

根茎横卧于地下，主茎粗壮、直立，多分枝，全株青绿色，略被粗毛或密被绒毛。

# 过路黄

### 清热利湿，消肿解毒

过路黄可散风、清热、解毒。主治风热咳嗽、咽喉疼痛、热毒疮疥。过路黄有强效收敛止血、强心作用，可用于肺病咯血、肠出血、胃溃疡出血、子宫出血、牙龈出血、痔疮出血、肝脓肿等症。外用可治蛇咬伤。

## 小档案

性味：性平，味淡。
习性：喜阴湿环境。
繁殖方式：种子或分根繁殖。
采食时间：春季。
食用部位：嫩苗叶、嫩茎叶。

## 饮食宜忌

一般人群皆可食用。

## 食用方法

采集嫩苗及未开花嫩叶，洗净用沸水稍浸烫后，换清水浸泡去涩，用来炒食或做汤。

## 分布情况一览

江西、浙江、湖北、湖南、广西、贵州、四川、云南。

花序顶生，近头状，多花，花冠黄色。

茎下部常匍匐，节上生根，上部曲折上升。

叶对生；叶柄比叶片短 2~12 倍，密被柔毛。

# 錾菜

### 破血散血，滋阴补肾

中医认为錾菜性平，味甘，全草入药，具有活血调经、解毒消肿的功效，主治月经不调、闭经、痛经、产后淤血腹痛、妇人崩漏、夜多盗汗、跌打损伤、疮痈等病症。錾菜的叶烧灰服，可治疗小儿黑痘。

## 小档案

性味：性平，味甘辛。
习性：喜阴，生于山坡、路边、荒地上。
繁殖方式：种子繁殖。
采食时间：春季。
食用部位：嫩茎叶。

## 饮食宜忌

孕妇忌用。女性月经不调者宜用。

## 食用方法

3~5 月采集幼苗及未开花嫩叶，洗净后用沸水浸烫，然后用清水漂洗去苦味，凉拌、炒食、做汤皆可。

## 分布情况一览

分布东北、华北、华中、华东及西南。

花多数，腋生成轮状，花冠白色，常带紫纹。

茎直立，方形，具4棱，有节，密被倒生的租毛。

叶厚，带革质，对生，两面均有灰白色毛。

## 饭包草

### 清热解毒，利水消肿

饭包草全草入药，可清热解毒、利水消肿，主治水肿、肾炎、小便短赤涩痛、赤痢、小儿肺炎、疔疮肿毒等症。饭包草还能治流行性感冒、发热、口渴、烦躁、尿少色赤、上呼吸道感染、咽喉、扁桃体炎、口渴烦热等。

**小档案**

性味：性寒，味苦。

习性：喜高温多湿，宜湿润肥沃的低地。

繁殖方式：播种繁殖、扦插繁殖。

采食时间：春季。

食用部位：嫩茎叶。

**饮食宜忌**

一般人群均可适用。

**食用方法**

嫩茎叶用沸水氽烫后，再用清水浸泡，用以炒食或者做汤。

**分布情况一览**

河北以及秦岭、淮河以南地区，长江流域以南地区。

聚伞花序数朵，花瓣蓝色，中间部分颜色较浅。

叶具明显叶柄，叶片椭圆状卵形或卵形，顶端钝或急尖，基部圆形或渐狭而成阔柄状。

## 直立婆婆纳

### 补肾强腰，解毒消肿

全草药用，具有凉血止血、理气止痛、补肾强腰、解毒消肿的功效。用于治疗吐血、疝气、睾丸炎、白带。干燥后的直立婆婆纳具有治疗咳嗽、皮肤炎、感冒的药效。动物实验发现，直立婆婆纳有抗疟疾的效果。

**小档案**

性味：性寒，味苦。

习性：生于高山草甸，喜光，耐半阴。

繁殖方式：种子、分株繁殖。

采食时间：3月。

食用部位：嫩苗。

**饮食宜忌**

一般人群皆可食用，脾胃虚寒者忌食。

**食用方法**

采集未开花嫩苗，洗净，用沸水烫熟后，再用清水浸泡半天去涩，可炒食或做汤。

**分布情况一览**

产于青海、甘肃、西藏、云南。

茎直立或下部斜生，略伏地，基部分支，枝斜上伸长。

花小，密集，顶生总状花序，花冠为淡蓝紫色。

第一章 茎叶类野菜

# 猪殃殃

## 清热解毒，利尿消肿

全草入药可治感冒、牙龈出血、阑尾炎、泌尿系感染、水肿、闭经、痛经、崩漏、白带、癌症、白血病等。外用可治乳腺炎初起、痈疖肿毒、跌打损伤。用鲜草捣烂外敷并煎汁内服，可治虫蛇咬伤、痈疖肿痛、跌打损伤等。

**小档案**

性味：性凉，味辛。
习性：喜湿润、土壤肥沃环境。
繁殖方式：种子。
采食时间：春夏季。
食用部位：嫩茎叶。

**饮食宜忌**

一般人群皆可食用。

**食用方法**

嫩茎叶洗净后切段，用开水烫熟后，再用清水浸泡一会儿，捞出挤干水分后，凉拌、炒食或做汤。

**分布情况一览**

长江流域和黄河中下游地区。

叶 4~8 片轮生，膜质，无柄，长圆形，先端钝圆，具针状尖头。

茎有 4 棱角，棱上、叶缘、叶脉上均有倒生的小刺毛。

# 接骨草

## 祛淤生新，舒筋活络

接骨草能祛风消肿、舒筋活络，治风湿性关节炎、跌打损伤。茎、叶有发汗利尿、通经活血作用，治肾炎水肿。单用可治扭伤、挫伤、流行性腮腺炎。与其他药物共用，可治骨折、肺结核发热、咳嗽，对闭经症状也有改善作用。

**小档案**

性味：味苦，性平。
习性：喜温湿润气候，耐荫。
采食时间：3~5 月。
食用部位：幼芽、嫩茎叶。

**饮食宜忌**

多食易引起腹泻。

**食用方法**

早春时采未开花的幼芽、嫩叶，洗净后用沸水烫一下，再用清水漂洗干净去除苦味，用来炒食、凉拌、做汤。

**分布情况一览**

分布于华东及华中大部分地区。

高大草本或半灌木，高为 1~2 米，茎有棱条，髓部呈白色。

果实红色，近圆形，直径 3~4 毫米；核 2~3 粒，卵形，长 2.5 毫米，表面有小疣状突起。

## 一点红

### 清热解毒，散淤消肿

中医认为，一点红味苦，性凉，具有清热解毒、散淤消肿的功效，适用于上呼吸道感染、急性扁桃体炎、咽喉肿痛、口腔溃疡、肺炎、急性肠炎、细菌性痢疾、泌尿系统感染、睾丸炎、乳腺炎、疖肿疮疡、湿疹、跌打扭伤等症。

### 小档案

性味：性凉，味苦。

习性：喜温暖、阴凉、潮湿环境，耐旱。

繁殖方式：根状茎繁殖、种子繁殖。

采食时间：春季。

食用部位：嫩叶。

### 饮食宜忌

一般人皆可食用。

### 食用方法

春季采一点红嫩梢叶，用沸水烫熟后，加蒜蓉炒食或做汤。食之柔滑，清香可口。

### 分布情况一览

分布于江西、福建、湖南、广西、广东。

头状花序，直径为1~1.3厘米，有长梗，管状花，紫色。

瘦果圆柱形，长约6毫米，有棱，冠毛白色，柔软。

茎分枝，枝柔弱，粉绿色。

---

## 秋英

### 清热解毒，利尿化湿

中医认为，秋英味甘，性平，具有清热解毒、利尿化湿的功效。主治急、慢性痢疾，目赤肿痛，外用治痈疮肿毒。内服可取全草50~100克，水煎服。外用鲜全草加红糖适量，捣烂敷患处即可。

### 小档案

性味：味甘，性平。

习性：喜光，耐贫瘠，忌炎热，忌积水。

繁殖方式：播种繁殖、扦插繁殖。

采食时间：夏秋季节。

食用部位：花朵、嫩茎叶可食，全草入药。

### 饮食宜忌

脾胃虚寒者忌服，不可久服。

### 食用方法

嫩茎叶杂洗净后焯熟，再用清水浸洗去除苦味，用来做汤、做馅、凉拌、炒食。

### 分布情况一览

全国各地均有分布。

头状花序着生在细长的花梗上，顶生或腋生，花瓣尖端呈齿状，颜色有白、粉、深红色，筒状花占据花盘中央部分均为黄色。

细茎直立，分枝较多，无毛或稍被柔毛，根纺锤状，多须根，或近茎基部有不定根。

# 半边莲

## 清热解毒，散淤止血

半边莲全草入药具有清热解毒、利水消肿、散结抗癌的功效，主治毒蛇咬伤、痈肿疔疮、咽痛喉痹、湿热黄疸、泻痢、风湿痹痛、湿疹足癣、跌打损伤、水肿、腹水、各种癌症。还可用于蛇虫咬伤、晚期血吸虫病腹水的治疗。

### 小档案

**性味：** 性平，味甘。

**习性：** 喜温暖湿润气候，怕旱，耐寒，耐涝。

**繁殖方式：** 分株、扦插繁殖。

**采食时间：** 春季。

**食用部位：** 嫩茎叶。

### 饮食宜忌

一般人群皆可适用。

### 食用方法

嫩茎叶洗净后用开水浸烫，再用清水漂洗后炒食或做汤。

### 分布情况一览

产于安徽、江苏、浙江、广东、广西、江西、四川。

花单生，有细长的花柄；花萼绿色，花冠浅紫色。

叶互生，无柄，叶片多皱缩，绿褐色，展平后叶片呈狭披针形。

茎细长，折断时有黏性乳汁渗出，直立或匍匐。

---

# 锦葵

## 清热利湿，理气通便

主治大小便不畅、淋巴结结核、带下、脐腹痛。锦葵的根部入药具有益气止汗、利尿通乳、托毒排脓的作用，可治贫血、乳汁缺少、自汗、盗汗、肺结核咳嗽、肾炎水肿、血尿、崩漏、脱肛、子宫脱垂、疮疡溃后脓稀不易愈合等。

### 小档案

**性味：** 性寒、味咸。

**习性：** 耐寒，耐干旱，不择土壤。

**繁殖方式：** 扦插法、压条法。

**采食时间：** 春季。

**食用部位：** 嫩茎叶。

### 饮食宜忌

适用于泌尿系统疾病患者及产后恶漏不止、腹痛者。

### 食用方法

嫩茎叶洗净，用开水烫下后过冷水漂洗，用以凉拌、炒食。

### 分布情况一览

我国各地均有分布。

花簇生，无毛或疏被粗毛，萼杯状，花紫红色或白色，花瓣5，匙形。

叶互生，近无毛，托叶偏斜，先端渐尖，叶圆心形或肾形，基部近心形至圆形，边缘呈圆锯齿状。

# 辣子草

### 清热解毒，消炎止血

中医认为，辣子草性平，味淡，全草入药，主治扁桃体炎、咽喉炎、急性黄疸型肝炎、咳喘、肺结核、外伤出血等，常作为咳痰的治疗药物，其止血效果也是极为突出的。

## 小档案

性味：味淡，性平。
习性：喜温，喜水，喜肥。
繁殖方式：种子。
采食时间：春夏季。
食用部位：嫩茎叶。

## 饮食宜忌

一般人群均可食用。

## 食用方法

嫩茎叶洗净后用沸水浸烫3分钟左右，再用凉水浸泡，食用时可素炒，也可拌肉炒食，凉拌或做汤均可。

## 分布情况一览

浙江、江西、四川、贵州、云南、西藏。

头状花序小，顶生或腋生，有长柄，外围有少数白色舌状花，盘花黄色。

单叶对生，草质，卵圆形或披针状卵圆形至披针形。

茎圆形，有细条纹，略被毛，节膨大。

---

# 旋覆花

### 下气消痰，降逆止呕

旋覆花可用于风寒咳嗽、痰饮蓄结、胸膈痞满，喘咳痰多、呕吐噫气、心下痞硬，是中药中的祛痰佳品。旋覆花对免疫性肝损伤有保护作用，其所含的天人菊内酯有抗癌作用。其根茎叶入药治刀伤、疔毒，煎服可平喘镇咳。

## 小档案

性味：性温，味苦。
习性：以温暖湿润的气候最适宜。
繁殖方式：种子、分株繁殖。
采食时间：4~6月。
食用部位：嫩茎叶。

## 饮食宜忌

阴虚劳嗽，风热燥咳者禁服。

## 食用方法

嫩茎叶洗净后用开水浸烫，再用清水漂洗后炒食或做汤。

## 分布情况一览

河南、河北、江苏、浙江、安徽等地。

基部叶常较小，在花期枯萎，中部叶长圆形，长圆状披针形或披针形。

头状花序，多数或少数排列成疏散的伞房花序，舌状花黄色。

茎单生或簇生，绿色或紫色，有细纵沟，被长伏毛。

# 第二章

# 食花类
## 野菜

食花类野菜指的是以花和花序为食用部分的植物。日常食用的花卉种类并不多，特别是具有悠久历史的种类更少。在西方国家，食用较多的花卉蔬菜是花椰菜。在中东，人们喜欢用南瓜花和柑属的花做果酱、果汁。由于植物开花具有较强的季节性，所以对它们的采集食用也具有较强的时令性，多集中在春夏季。花类野菜晒干后可直接泡茶饮。鲜食时，花序需要沸水煮捞后才可食用，而花序的茎干则可直接炒食。

# 菊花

## 疏散风热，清肝明目

中医认为，菊花味甘，性寒，有清热祛火、清肝明目之效，多用于风热感冒、目赤多泪、肝肾阴虚、眼目昏花。其所含的菊甙具有降血压、消除癌细胞、扩张冠状动脉和抑菌的作用，长期饮用能调节心肌功能、降低胆固醇。

**分布情况一览：**
全国均有分布。

**适用人群：**
一般人均可食用，气虚胃寒、食少泄泻者慎服，孕妇慎服。

头状花序顶生或腋生，1朵或数朵簇生。

单叶互生，叶卵形至披针形，羽状浅裂或半裂，有短柄，叶下面被白色短柔毛所覆盖。总苞片多层，外层外面被柔毛。

茎色嫩绿或为褐色，除悬崖菊外多为直立分枝，基部半木质化。

### 营养成分

| 菊苷 | 黄酮 |
|------|------|
| 龙脑 | 樟脑 |
| 芹菜素 | 刺槐素 |
| 维生素 | 维生素 |
| 挥发油 | 腺嘌呤 |
| 胆碱 | 水苏碱 |
| 菊酮 | 木樨草素 |

### 食用方法

凉拌、炒食、煎汤、制饼、做糕点、煮粥、酿制菊花酒、泡茶。菊花经窨制后，可与茶叶混用，亦可单独饮用。泡出的茶水，不仅具有菊花特有的清香，且可去火、养肝明目。

## 药典精要

《简便之》："风热头痛。菊花、石膏、川芎各三钱，为末。每服一钱半，菊花茶调下。可清热解毒。"
《扶寿方》："膝风疼痛。菊花、陈艾叶作护膝，久则自除也。"
《危氏得效方》："女人阴肿。甘菊苗捣烂煎汤，先熏后洗。"

**小贴士：**
颜色太鲜艳、太漂亮的菊花不能选，可能是硫黄熏的，这种菊花用滚水冲泡后，有硫黄味。要选花萼偏绿色的新鲜菊花。颜色发暗的菊花也不要选，可能是陈年老菊花。

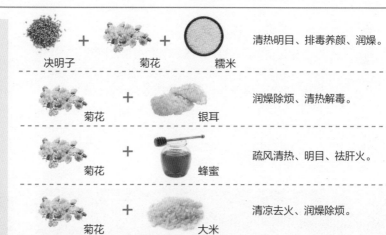

**小档案**

性味：味甘苦，性寒。

习性：喜凉爽、较耐寒，最忌积涝，喜地势高、土层深厚、富含腐殖质、疏松肥沃、排水良好的壤土。

繁殖方式：以扦插、嫁接为主。

采食时间：夏季菊花期6~9月。秋季菊花期10~11月。

食用部位：花。

| | | | |
|---|---|---|---|
| 决明子 | 菊花 | 糯米 | 清热明目、排毒养颜、润燥。 |
| 菊花 | 银耳 | | 润燥除烦、清热解毒。 |
| 菊花 | 蜂蜜 | | 疏风清热、明目、祛肝火。 |
| 菊花 | 大米 | | 清凉去火、润燥除烦。 |

## 食疗价值

**散热祛风，降火解毒**

菊花中含有腺嘌呤、胆碱、水苏碱、菊酮蓝、黄酮类、B族维生素、香油烽、龙脑樟脑、菊油环酮、葡萄糖、刺槐甙等成分。故具有散热、祛风、降火解毒、清肝明目、安胃利脉、减肥降压、延年长寿等作用。菊花味甘苦，性微寒，作枕头，能清醒头脑，加陈艾叶护膝、护背更有效。

**清热明目，调节血脂**

菊花含有多种有营养成分，入药可辅助治疗头痛、眩晕、目赤、心胸烦热、疔疮、肿毒等症。现代药理研究表明，菊花具有治疗冠心病、降低血压、预防高脂血症、抗菌、抗病毒、抗炎、抗衰老等多种药理活性。

## 人群宜忌

| ☑ 风热感冒 | ☑ 发热头昏 | ☑ 眼目昏花 | ☑ 肝肾阴虚 | ☑ 疮疡肿痛 | ☒ 脾胃虚弱者 | ☒ 孕妇 |
|---|---|---|---|---|---|---|

## 实用偏方

**上感、流感**

菊花、金银花、连翘、牛蒡子各9克，薄荷、甘草各6克，水煎服。

**急性化脓性炎症**

鲜野菊花及叶30~60克，水煎频服，并用其花及叶30~60克，水煎，外洗或捣烂外敷患处。

**感冒发热，头昏，目赤，咽喉不利**

菊花6克，薄荷9克，金银花、桑叶各10克，沸水浸泡，代茶饮。

# 金莲花

## 清热解毒，滋阴降火

　　金莲花味苦，性寒，无毒，具有清热解毒、滋阴降火、杀菌的作用，长期泡茶饮用可清咽润喉、嗓音清亮。对慢性咽炎、喉炎、扁桃体炎和声音嘶哑者，具有消炎、预防和治疗作用。与枸杞子、玉竹等一起饮用效果更佳。

**分布情况一览：**
全国各地均有分布。

**适用人群：**
一般人群都可以服用，但是食用过量对身体是不好的。

花单生，黄色，椭圆状倒卵形或倒卵形，花瓣多数，与萼片近等长，狭条形，顶端渐狭。

基生叶，具长柄，叶片五角形，叶圆盾形，叶柄细长。茎柔软攀附。

茎柔软攀附，一般高为30~70厘米，不分枝，疏生3~4片叶子。

### 食用方法

泡茶。金莲花被称为"塞外龙井"，民间还有"宁品三朵花，不饮二两茶"的说法。冲泡后不仅茶水清澈明亮，还有淡淡的香味。金莲花是有一定药性的，所以在冲泡饮用时，用量不能过多。每次1~2克用开水冲饮，口感和功效优于贡菊和杭白菊。

**营养成分**

| 维生素 | 胡萝卜素 |
|---|---|
| 生物碱 | 有机酸 |
| 黄酮类 | 铁 |
| 荭草苷 | 牡荆苷 |

### 药典精要

《简便之》："风热头痛。菊花、石膏、川芎各三钱，为末。每服一钱半，菊花茶调下。可清热解毒。"
《扶寿方》："膝风疼痛。菊花、陈艾叶作护膝，久则自除也。"
《危氏得效方》："女人阴肿。甘菊苗捣烂煎汤，先熏后洗。"

**实用偏方：**
【慢性扁桃体炎】金莲花5克，开水冲泡频饮或含漱。急性者加鸭跖草等量。
【上呼吸道感染】金莲花适量，研成细末，制成片剂，每片相当于生药1.5克。每次3~4片，日服3次。

（別名：忍冬花、金花、银花、二花、密二花、双苞花、苏花、鹭鸶花。）

# 金银花

## 清热解毒，补虚疗风

中医认为，金银花性寒，味甘，具有清热解毒、抗炎、补虚疗风的功效，适宜头昏头晕、肠炎、菌痢、麻疹、肺炎、急性乳腺炎、败血症、阑尾炎、皮肤感染、腮腺炎等病症患者食用，与其他药物配伍，还可防治呼吸道感染。

**分布情况一览：**
华东、中南、西南及辽宁、河北、山西、陕西、甘肃等地。

**特殊用处：**
春季主要的观赏花卉，花期长，观赏价值高。

叶对生，叶柄密被短柔毛。叶片卵形、长圆状卵形或卵状披针形。

茎中空，多分枝，幼枝密被短柔毛和腺毛。

花萼绿色，开放者花冠筒状，先端二唇形，气清香，味淡微苦。

## 食用方法

金银花可单独泡水喝，也可与菊花、薄荷、芦根等同饮。也可制作金银花露和其他夏季饮品，有清热解暑、解毒、生津止渴的功效。但金银花性寒，脾胃虚寒及气虚疮疡脓清者忌服。

### 营养成分

| 微量元素 | 活性酶物质 |
|---|---|
| 纤维素 | 脂肪 |
| 热量 | 长叶烯 |
| 十四烷 | 薄荷醇 |

## 药典精要

《神农本草经》："金银花性寒味甘，具有清热解毒、凉血化淤之功效，主治外感风热、瘟病初起、疮疡疔毒、红肿热痛、便脓血，可防癌变。"

《江西草药》："金银花、连翘。大青根、芦根、甘草各15克，加水煎代茶饮，每日一剂，连服3~5天。可以预防乙脑、流脑。"

**实用偏方：**
【外感风热】金银花、白菊花各10克，开水冲泡或水煮后，加白糖或食盐少许饮用。

【高热烦渴】金银花30克，薄荷10克，鲜芦根60克。加水煎15分钟。滤其汁，加适量白糖服。

# 黄花菜

## 养血平肝，利尿消肿

中医认为，黄花菜性平，味甘，常用来治疗头晕、耳鸣、心悸、腰痛、水肿、咽痛、乳痈等症，其营养丰富，还具有显著地降低胆固醇、抗菌免疫、清热利湿、健胃消食、明目安神、止血通乳、利尿消肿等功效。

**分布情况一览：**
全国各地均有分布
**适用人群：**
一般人群均可食用。尤适宜孕妇、中老年人、过度劳累者。

多年生草本，植株一般较高大，高30~65厘米。花茎自叶腋抽出，茎顶分枝开花。

花葶长短不一，一般稍长于叶，基部三棱形，苞片披针形，自下向上渐短，花梗较短，花多朵，花被淡黄色。

叶基生，狭长带状，下端重叠，向上渐平展，中脉于叶下面凸出。

## 食用方法

夏季及初秋采摘大花蕾做菜，鲜食或干制都可以。但需要注意，鲜草花蕾有毒，食用前必须在沸水中浸烫去毒。常见菜谱有凉拌黄花菜、黄花菜炒肉丝、熘炒黄花菜猪腰等。鲜草嫩叶也可以食用，如炒尖椒、炒鸡蛋等。

**营养成分**
（ 以100g为例 ）

| 蛋白质 | 19.40g |
|---|---|
| 脂肪 | 1.40g |
| 膳食纤维 | 7.70g |
| 碳水化合物 | 34.90g |
| 维生素B$_2$ | 0.21mg |

## 药典精要

《昆明民间常用草药》："补虚下奶，平肝利尿，消肿止血。"
《本草纲目》："治疗通身水肿。用萱草根、叶晒干研细，每服10克，饭前服，米汤送下。"
《云南中草药》："黄花菜根捣敷，治乳痈肿痛，疮毒。"

**小贴士：**
在食用鲜品时，每次不要多吃。由于鲜黄花菜的有毒成分在60℃时可减弱或消失，因此食用时，应先将鲜黄花菜用开水焯过，再用清水浸泡2个小时以上，捞出用水洗净后再进行炒食。

# 紫藤

## 杀虫止痛，祛风通络

紫藤全株可入药，茎皮有止痛、祛风、通络、杀虫等功效，可用于腹痛、蛲虫病。紫藤花可用来提炼芳香油，有安神、止吐的功效。紫藤的种子有小毒，不可多量使用，少量外敷可缓解筋骨疼痛。

**分布情况一览：**
以河北、河南、山西、山东最为常见。华东、华中、华南、西北和西南地区均有栽培。

落叶攀缘缠绕性大藤本植物，干皮深灰色，不裂。嫩枝暗黄绿色密被柔毛，冬芽扁卵形，密被柔毛。

奇数羽状复叶互生，小叶对生，先端长渐尖或突尖，叶表无毛或稍有毛，叶背具疏毛或者近无毛。

侧生总状花序，呈下垂状，总花梗、小花梗及花萼密被柔毛，花紫色或深紫色，基部有爪。

**营养成分**

| 黄酮 | 挥发油 |
| --- | --- |
| 贰类 | 金雀花碱 |
| 钙 | 钠 |
| 镁 | 铁 |

## 食用方法

花朵在沸水中焯熟后可加入调料凉拌，或与其他菜品一起炒食，也可裹面油炸，抑或作为添加剂，制作紫萝饼、紫萝糕等。豆荚、种子、茎皮有毒，小心食用。

## 实用偏方

【水肿】紫藤花适量，加水煎成浓汁，去渣，加白糖熬成膏，每次1食匙，早晚各1次。温开水冲服。

【食物中毒、吐泻腹痛】紫藤种子30克，炒熟，鱼腥草15克，水煎代茶饮。

【胃癌前期病变】紫藤花、茎叶各15克，薏苡仁30克，菱角、诃子各适量，水煎2次，混合，早晚分服。每日1剂。

**小贴士：**
紫藤是优良的观花藤本植物，一般应用于园林棚架。春季紫花烂漫，别有情趣，适栽于湖畔、池边、假山、石坊等处，具独特风格，盆景也常用。它不仅可达到绿化、美化效果，同时也发挥着增氧、减尘等作用。

# 石榴花

## 凉血止血，清肝泻火

石榴的药用部位是石榴皮，炒后应用。其花洗净煎服可辅助治疗吐血、衄血，外用适量治中耳炎。其嫩叶可治急性肠炎。石榴果实酸甜，性温，具有涩肠止泻、止血、驱虫的功效。

分布情况一览：
全国各地均有分布。
特殊用处：
可在家中的窗台、阳台或者居室内栽种有石榴花的小盆盆栽。

单叶对生或簇生，矩圆形或倒卵形，叶面光滑，短柄，新叶嫩绿或古铜色。

树干为灰褐色，有片状剥落，嫩枝黄绿光滑，常呈四棱形，枝端多为刺状。

雄花的基部较小，侧面成钝角三角形，花后会脱落；雌花的基部有明显的膨大，只有雌花会结果。

浆果球形，黄红色。种子多数具肉质外种皮。

### 营养成分
（以100g为例）

| 脂肪 | 2.9g |
| --- | --- |
| 蛋白质 | 10.5g |
| 膳食纤维 | 11.2g |
| 碳水化合物 | 74.2g |
| 维生素A | 262mg |

## 食用方法

凉拌、炒菜。洗净花瓣，烫成半熟，除去过多苦涩味，放清水中漂洗。在烧热的油锅里先放入少许的火腿或腊肉片，待肉片炒得七八成熟，放入石榴花瓣爆炒，加盐和少量的水炖炒片刻即成。

### 饮食搭配

《分类草药性》："治吐血，月经不调，红崩白带。汤火伤，研末，香油调涂。"
《福建民间草药》："治牙齿痛，水煎代茶常服，或研末敷。"
《野生药植图说》："治中耳发炎，防止流脓，消炎去肿。"
《得配本草》："酸涩，平，无毒。入脾、肾二经。"

实用偏方：
【小儿腹泻】石榴花25克，藕节4个，麦芽10克；加水煎服，每日2次，连服7~8天。
【久泻久病】陈年石榴皮，熔干研为细末，每次服10克，米汤送服。

# 月季花

## 活血调经，消肿解毒

月季花有活血消肿、消炎解毒的功效。妇女出现闭经或月经稀薄、色淡而量少、小腹痛、大便燥结等，或在月经期出现上述症状，用胜春汤（月季花、当归、丹参、白芍各10克，加红糖煎服）治疗效果好。

**分布情况一览：**
全国各地均有分布。

**适用人群：**
一般人群皆可饮用，尤其对痛经、闭经、疗毒疖肿者有疗效。

花生于茎顶，单生或丛生。有单瓣、复瓣（半重瓣）和重瓣之别，花色丰富，花形多样。

初生茎紫红色，嫩茎绿色，老茎灰褐色；茎上生有尖而挺的刺，刺的疏密因品种而异。

叶互生，奇数羽状复叶，先端渐尖，具尖齿，叶缘有锯齿，两面无毛，托叶与叶柄合生。

果实为球形或梨形，直径1.5~2厘米，萼裂片宿存，成熟前为绿色，成熟果实为橘红色。内含骨质瘦果。

**营养成分**
（以100g为例）

| | |
|---|---|
| 灰分 | 0.53g |
| 蛋白质 | 0.92g |
| 脂肪 | 0.87g |
| 总糖 | 5.50g |

### 食用方法

煮粥、泡茶。将粳米、桂圆肉放入锅中加冷水用大火烧沸，然后改用小火熬煮成粥，放入蜂蜜、月季花，搅拌均匀，即可盛起食用。

### 饮食搭配

【闭经或月经稀薄，兼有精神不畅和大便燥结】月季花、当归、丹参、白芍各10克，加红糖适量，清水煎服。

【痛经】月季根30克，鸡冠花、益母草各15克，煎水煮蛋吃。

【月经过多、白带多】月季花15克，水煎服或炖猪肉食；月季花10克、大枣12克同煎，汤成后加适量蜂蜜服用。

**小贴士：**
人们习惯把花朵直径大、单生的品种称为月季，小朵丛生的称为蔷薇，可以提炼香精的称玫瑰。女性常用月季花瓣泡水当茶饮，可活血美容，使人青春长驻。

第二章　食花类野菜

# 款冬花

## 润肺下气，化痰止咳

　　款冬性味辛温，花含款冬二醇、山金车二醇。另含有植物甾醇、芸香甙、金丝桃甙、蒲公英黄色素、鞣质及黏液质等。治咳嗽、气喘、肺痿、咳吐痰血、感冒及支气管炎、肺炎等。

**分布情况一览：**
分布于河北、河南、湖北、四川、山西、陕西、甘肃、内蒙古等。

**适用人群：**
一般人群皆可食用，肺火盛者慎服。

基生叶广心脏形或卵形，先端钝，边缘呈波状疏锯齿，锯齿先端往往带红色。

头状花序顶生，苞片质薄，呈椭圆形。舌状花单性，鲜黄色，筒状花两性，裂片披针状。

多年生草本，高 10~25 厘米。花茎具毛茸，小叶互生，叶片长椭圆形至三角形。

## 营养成分

|  |  |
| --- | --- |
| 挥发油 | 黏液质 |
| 蒲公英黄质 | 菊糖 |
| 苹果酸 | 转化糖 |
| 芸香甙 | 金丝桃甙 |

## 食用方法

款冬花叶柄和花苔肉质微苦，经腌渍或烫漂，去除苦味后凉拌。将新鲜款冬花去梗洗净后浸泡，绿豆用水煮烂，百合浸泡去除苦味后煮烂。将煮好的绿豆、百合与款冬花、蜂蜜、白糖一起略煮一下即可。

### 药典精要

《药性论》："主疗肺气心促，急热乏劳，咳嗽不绝，涕唾稠黏。治肺痿肺痈吐脓。消炎止咳。"
《长沙药解》："降逆破壅，宁嗽止喘，疏利咽喉，洗涤心肺而兼长润燥。"
《日华子本草》："润心肺，益五脏，除烦，补劳劣，消痰止嗽，肺痿吐血。"

**实用偏方：**
【润肺止咳、下气化痰】百合30克、款冬花10克、冰糖适量，同置砂锅中煮成糖水。本饮以秋冬咳嗽，略见有痰者适宜，对支气管哮喘或痉挛性支气管炎作辅助治疗。

# 玫瑰花

## 行气解郁，活血止痛

玫瑰花有强肝养胃、养颜护肤、活血调经、润肠通便、解郁安神的功效，可缓和情绪，调节内分泌平衡、补血气，对肝、胃也有调理的作用，女性常食可消炎杀菌、消除疲劳、改善体质、润泽肌肤。

**分布情况一览：**
全国各地均有分布。

**特殊用处：**
玫瑰是城市绿化的理想花木，适用于作花篱，也是街道庭院园林绿化材料。

果扁球形，砖红色，肉质，平滑，萼片宿存。

花瓣倒卵形，重瓣至半重瓣，紫红色至白色。

小叶片椭圆形或椭圆状倒卵形，先端急尖或圆钝，基部圆形或宽楔形，边缘有尖锐锯齿，上面深绿色，无毛，叶脉下陷，有褶皱。

茎粗壮，丛生；小枝密被绒毛，并有针刺和腺毛，有直立或弯曲、淡黄色皮刺。

## 食用方法

鲜花可以蒸制芳香油，花瓣可以制馅饼、玫瑰酒、玫瑰糖浆，干制后可以泡茶，花蕾入药治胸腹胀满和月经不调。

**营养成分**

| 维生素C | 葡萄糖 |
|---|---|
| 果糖 | 蔗糖 |
| 枸橼酸 | 苹果酸 |
| 胡萝卜素 | 氨基酸 |

## 药典精要

《食物本草》："主利肺脾，益肝胆，辟邪恶之气，食之芳香甘美，令人神爽。"

《纲目拾遗》："和血、行血、理气。治风痹。"

《现代实用中药》："用于妇人月经过多，赤白带下及一般肠炎下痢等。"

《随息居饮食谱》："调中活血，舒郁结，辟秽，和肝。酿酒可消乳癖。"

**小贴士：**
女性在月经前或月经期间常会有些情绪上的烦躁，喝点玫瑰花可以起到调节作用。工作和生活压力大时，也可喝点玫瑰花，安抚、稳定情绪。女性可多饮玫瑰茶养颜。

# 杜鹃花

## 镇咳祛痰，调经和血

　　杜鹃花味甘，性温，有降血脂、降胆固醇、滋润养颜、和血、调经，祛湿、清火之效。长期泡茶饮用，可令女性皮肤细嫩，面色红润。还可辅助治疗月经不调、消除妇科炎症、关节风湿痛等症。

**分布情况一览：**
东至台湾，西南达四川、云南。

**特殊用处：**
木材致密坚硬，可作为农具、手杖及雕刻之用。亦有栽植作绿篱。

分枝多而纤细，密被亮棕褐色扁平糙伏毛。

叶纸质，卵状椭圆形，顶端尖，基部楔形，两面均有糙伏毛。

花冠鲜红或深红色，宽漏斗状，花丝中部以下有微毛，花药紫色。

### 食用方法

泡茶。杜鹃花 3 朵，杜鹃花剥瓣，反复清洗，沥干，置于杯中，沸水 250 毫升冲入杯中，待香味溢出即当茶饮。长期饮用，可令皮肤细嫩，面色红润。

### 营养成分

| 蛋白质 | 糖 |
|---|---|
| 维生素C | 铁 |
| 氨基酸 | 钙 |
| 粗纤维 | 锌 |

## 药典精要

《分类草药性》："治吐血，崩症，去风寒，和血。"

《四川中药志》："治腹痛下痢，痔出血及内伤咳嗽。"

《贵州草药》："映山红花（生的）10克~50克，水煎服。可治鼻出血"

《本草纲目》："杜鹃味辛、苦；性寒；有小毒。"

**实用偏方：**
【月经不调】杜鹃花10克，月季5克，益母草20克，水煎服，每日1剂。

【咳嗽痰多】杜鹃花30~40克，单味水煎服，亦可用紫花杜鹃片，每次5片，每日3次，温开水送服。

# 茉莉花

## 理气和中，开郁辟秽

茉莉花所含的挥发油性物质，具有行气止痛、解郁散结的作用，可缓解胸腹胀痛、下痢里急后重等病状，为止痛之食疗佳品。茉莉花对多种细菌有抑制作用，内服外用，可治疗目赤、疮疡、皮肤溃烂等病症。

**分布情况一览：**
江南地区以及西部地区。

**特殊用处：**
多用盆栽，点缀室容，清雅宜人，还可加工成花环等装饰品。

初夏由叶腋抽出新梢，顶生聚伞花序，顶生或腋生，有花通常三到四朵，花冠白色，极芳香。

枝条细长小枝有棱角，有时有毛，略呈藤本状。

单叶对生，光亮，宽卵形或椭圆形，叶脉明显，叶面微皱，叶柄短而向上弯曲，有短柔毛。

## 食用方法

泡茶，熬粥或煎汤。香气可上透头顶，下至小腹，解除胸中一切陈腐之气。不但令人神清气爽，还可调理干燥皮肤，具有美肌艳容、健身提神的功效。

### 营养成分
（以100g为例）

| | |
|---|---|
| 脂肪 | 0.6g |
| 碳水化合物 | 40.8g |
| 维生素E | 2.5mg |
| 维生素$B_2$ | 0.12mg |

## 药典精要

《食物本草》："主温脾胃，利胸膈，健脾利胃。"

《本草再新》："解清座火，去寒积，治疮毒，消疽瘤。"

《随息居饮食谱》："和中下气，辟秽浊。治下痢腹痛。"

《四川中药志》："用菜油浸泡，滴入耳内，治耳心痛。"

**实用偏方：**

【扁桃体炎】茉莉鲜根捣烂，取汁滴咽喉患处。

【淋浊】净白花紫茉莉根 30 克，茯苓 9 克，水煎服，日服 2 次。

【跌打损伤】茉莉花鲜根适量，捣烂加白酒少量，外敷患处，每日换药 1 次。

# 槐树花

## 凉血止血，清肝泻火

槐树花具有凉血止血、清肝泻火的功效，多作为治疗凉血止血的常用药，用于大肠湿热引起的痔出血、便血、血痢也可用来缓解肝火头痛、目赤肿痛、喉痹、失音、痈疽疮疡等症。

**分布情况一览：**
东北、西北、华北、华东。

**特殊用处：**
槐树最初长出的花还没开放时叫作槐蕊，染绿衣服要用到它。

枝具托叶性针刺，小枝多为灰褐色。

花皱缩而卷曲，花瓣多散落。完整者花萼钟状，黄绿色。

奇数羽状复叶，被短柔毛。小叶片卵形或卵状长圆形，基部广楔形或近圆形。

### 营养成分

| 黄酮 | 糖 |
|---|---|
| 蛋白质 | 脂肪 |
| 矿物质 | 刀豆酸 |
| 多种维生素 | 槲皮素 |

### 食用方法

蒸食、凉拌、熬粥、做汤。槐花洗净加入面粉拌匀，再加盐、味精等调料，拌匀后方式笼屉中蒸熟即可。常见食谱有槐花糕、槐花拌菜、焖饭、包饺子、熬粥、做汤。

### 药典精要

《日华子本草》："治五痔，心痛，眼赤，杀腹藏虫及热，治皮肤风，并肠风泻血，赤白痢。"
《纲目》："炒香频嚼，治失音及喉痹。又疗吐血，衄，崩中漏下。"
《本草正》："凉大肠，杀疳虫。治痈疽疮毒，阴疮湿痒，痔漏，解杨梅恶疮，下疳伏毒。"

**小贴士：**
在槐花开放时，可在树下铺布、席、塑料薄膜等，将花打落，收集晒干。但是人行道旁的槐花有沾染农药的可能，在采摘时需要谨慎。干燥后的槐花体轻，无臭，味微苦，在储藏时要置干燥处，防潮，防蛀。

# 合欢花

## 滋阴补阳，理气开胃

合欢花味甘，性平，能安五脏，和心志，悦颜色，有较好的强身、镇静、安神、美容的作用，是治疗神经衰弱的佳品。适宜心神不安、忧郁失眠、健忘、盗汗、更年期综合征患者食用。

**分布情况一览：**
浙江、安徽、江苏、四川、陕西等地。

**适用人群：**
一般人群皆可食用，阴虚津伤者慎用。

第二章　食花类野菜

二回羽状复叶互生，镰状长圆形，两侧极偏斜。

花序头状，多数，伞房状排列，腋生或顶生。

荚果扁平，长椭圆形。

树皮呈灰褐色，小枝带棱角。

## 食用方法

花朵晒干后可泡茶喝，也可用来做煮粥或炖汤。合欢花粥味道清香宜人，具有很好的理气开胃的功效。但因合欢花性清易挥发，故不宜久煎。

### 营养成分

| | |
|---|---|
| 蛋白质 | 脂肪 |
| 碳水化合物 | 叶酸 |
| 膳食纤维 | 胆固醇 |
| 维生素A | 维生素$B_2$ |
| 维生素$B_6$ | 硫胺素 |
| 胡萝卜素 | 烟酸 |

## 养生食谱

**合欢花粥**

原料：合欢花20克，大米100克，白砂糖适量。

制作：1.大米淘净泡发，置锅中加水煮沸，合欢花用温水泡开放入锅中。2.注转小火熬粥成，加白砂糖调味即可。

功效：此款合欢花粥能安神解郁，对眼疾、神经衰弱等也有一定辅助治疗作用。

**实用偏方：**

【心肾不交失眠】：合欢花、官桂、黄连、夜交藤，加水煎服。

【风火眼疾】：合欢花配鸡、羊、猪肝，蒸服。

【眼雾不明】：合欢花、一朵云，泡酒服。

【跌打挫损疼痛】夜合花末，酒调服10克。

# 桂花

## 止咳生津，暖胃平肝

桂花性温，味辛，有散寒破结、化痰止咳之效，用于牙痛、咳喘痰多、经闭腹痛。桂果入药有化痰、生津、暖胃、平肝的功效。枝叶及根煎汁敷患处，可活筋骨止疼痛，治风湿麻木等症。

**分布情况一览：**
全国各地均有分布。

**特殊用处：**
桂树的木材材质致密，纹理美观，不易炸裂，刨面光洁，是良好的雕刻用材。

树皮灰褐色或灰白色，粗糙。

花腋生呈聚伞花序，花形小而有浓香，黄白色。

果实为紫黑色核果，俗称桂子。

叶对生，椭圆形或长椭圆形，全缘或者上半部疏生细锯齿。

**营养成分**
（以100g为例）

| | |
|---|---|
| 蛋白质 | 0.6g |
| 脂肪 | 0.1g |
| 粗纤维 | 7.2g |
| 碳水化合物 | 26.6g |

## 食用方法

泡茶、炒、炸、烩菜肴，制作甜点。桂花茶可以解除口干舌燥，润肠通便，减轻胀气肠胃不适，还可以美白皮肤，解除体内毒素。

### 养生食谱

**蜂蜜桂花糕**

材料：砂糖100克，奶200毫升，桂花蜂蜜10克，琼脂20克，蜜糖适量。

制法：1.琼脂放水中，小火煮烂，加入砂糖煮至溶解，倒入牛奶拌匀。2.琼脂未完全冷却前加入桂花蜂蜜拌匀，冷却，加入少数蜜糖即可。

功效：此糕具有清热、泻火和安神之效。

**药典精要：**
《陆川本草》："治痰饮喘咳。"
《本草纲目拾遗》："桂花治痰饮喘咳，肠风血痢，疝瘕，牙痛，口臭。"
《本草汇言》："味辛甘苦，气温，无毒。治牙痛。"

# 栀子

## 护肝利胆，清热利湿

栀子花入药，具有护肝利胆、镇静降压、解毒消肿、泻火除烦、清热利湿、凉血止血的功效。辅助治疗热病心烦、肝火目赤、湿热黄疸、淋证、血痢尿血、口舌生疮、疮疡肿毒等症。煎剂内服对金黄色葡萄球菌等有抑制作用。

**分布情况一览：**
中南、西南及江苏、安徽、浙江、江西、福建、台湾。

**适用人群：**
一般人群皆可食用。脾虚便溏者不宜用。

叶对生或3叶轮生，叶片革质，长椭圆形或者倒卵状披针形。

花单生于枝端或叶腋，白色，芳香。

花萼绿色，圆筒状，花冠高脚碟状，子房下位。

## 食用方法

采摘鲜花，洗净，可裹面炸食或做肉类的配菜，也可糖渍、蜜饯食用。花朵晒干后可泡茶喝，味道清香可口，具有解毒消肿、泻火除烦的功效。

**营养成分**

| | |
|---|---|
| 维生素C | 蛋白质 |
| 氨基酸 | 脂肪 |
| 铁 | 锌 |
| 钙 | 锰 |
| 钾 | 钠 |

## 药典精要

《药性赋》："味苦，性大寒，无毒。沉也，阴也。易老云：轻飘而像肺，色赤而像火，又能泻肿中之火。具有清热解毒，祛淤消肿的功效。"

《本草图经》："仲景及古今名医治发黄，皆用栀子、茵陈、甘草、香豉四物作汤饮。又治大病后劳复，皆用栀子、鼠矢等，利小便而愈。"

**实用偏方：**
【伤寒身黄发热】鲜栀子7朵，甘草25克，黄柏50克，加水煎汁，温服。
【小便不通】栀子仁27枚，盐少许，独颗蒜1枚，捣烂，摊纸花上贴脐，或涂阴囊上。

# 蜀葵

## 凉血止血，利尿通便

味甘，性寒，具有解毒散红、凉血止血、利尿通便的功效。用于梅核气、二便不利、痢疾、吐血、崩漏、白带、痈肿疮毒、烫伤等。蜀葵的根、茎、叶、花、种子均是药材，清热解毒，内服解河豚毒，治痢疾，外用治烫伤等。

### 小档案

性味：味甘，性寒。

习性：耐寒，喜阳光，耐半阴，但忌涝。

繁殖方式：种子、分株、扦插。

采食时间：春季。

食用部位：嫩叶、花。

### 饮食宜忌

脾胃虚寒者忌服。

### 食用方法

嫩叶及花可食，春季采嫩叶，在开水中焯过之后，可炒食。花是食品着色剂。

### 分布情况一览

华东、华中、华北、华南地区均有分布。

茎比较直立挺拔，丛生，全体被星状毛和刚毛。

花单生或近簇生于叶腋，有粉红、红、紫、墨紫、白、黄、水红、乳黄等。

叶近圆心形，掌状浅裂或波状，裂片三角形或圆形。

# 木槿

## 清热解毒，利水消肿

木槿花具有清热凉血，解毒消肿之效。治痢疾、痔疮出血、白带、疮疖痈肿、烫伤。其根清热解毒、利水、止咳。治咳嗽、肺痈、肠痈、白带、疥癣。根皮和茎皮可清热利湿，杀虫止痒，治痢疾、脱肛、阴囊湿疹、脚癣等。

### 小档案

性味：味苦、甘，性平。

习性：喜光而稍耐阴，喜温暖、湿润气候，较耐寒。

繁殖方式：种子、扦插、嫁接。

采食时间：夏、秋季选晴天早晨，花半开时采摘。

食用部位：花朵可食，全草入药。

### 食用方法

花朵晒干可泡茶饮，也可炒食、炖汤。

### 分布情况一览

分布于华东、中南、西南，以及河北、陕西、台湾等地。

茎直立，多分枝，稍披散，树皮灰棕色，枝干上有根须或根瘤，幼枝被毛，后渐脱落。

花单生于枝梢叶腋，花色有浅蓝紫色、粉红色或白色。

单叶互生，叶卵形或菱状卵形，有明显的三条主脉。

# 木棉

## 清热利湿，散结止痛

木棉全株可入药，其花有清热利湿、解暑之效。用于肠炎、痢疾，暑天可作凉茶饮用。树皮可祛风除湿，活血消肿，多用于风湿痹痛、跌打损伤。其根可散结止痛，治疗胃痛，颈淋巴结结核。

### 小档案

性味：味甘，性凉。

习性：喜温暖干燥和阳光充足环境，不耐寒，稍耐湿，忌积水，抗大风。

繁殖方式：种子。

采食时间：春季。

食用部位：花朵，花、树皮和根入药。

### 食用方法

花朵晒干后可泡茶饮。花瓣也可在沸水中焯熟后，捞出凉拌或炒食。

### 分布情况一览

四川、云南、贵州东、广西、福建、海南、台湾。

花比较大，颜色多为红色，聚生近枝端，春天先开花后长叶。

树干直，树皮呈灰色，枝干均具短粗的圆锥形大刺，后渐平缓成突起，枝近轮生，平展。

# 牡丹

## 降低血压，抗菌消炎

牡丹性微寒，味辛，煎剂内服具有散郁祛淤、清血、养血和肝、止痛通经的功效，主治月经失调、痛经、止虚汗、盗汗等病症，久服可益身延寿。适用于面部黄褐斑、皮肤衰老，常饮气血活肺，容颜红润。

### 小档案

性味：性微寒，味辛。

习性：喜凉恶热，要求疏松、肥沃、排水良好的中性土壤或砂土壤。

繁殖方式：嫁接，多选用芍药作为砧木。

采食时间：4月中下旬至5月中旬。

食用部位：花朵可食，全株入药。

### 食用方法

炸、烧、煎或做汤等皆可。牡丹花用面粉裹后油炸食用，鲜香诱人，用白糖浸渍又是上乘的蜜饯。

### 分布情况一览

全国各地均有分布。

花单生茎顶，花色有白、黄、粉、红、紫及复色。

叶互生，通常为二回三出复叶，枝上部常为单叶，小叶片有披针、卵圆、椭圆等形状。

老茎灰褐色，当年生枝黄褐色。

第二章　食花类野菜

# 鸡蛋花

## 润肺解毒，清热祛湿

鸡蛋花性凉，味甘，是广东著名的凉茶五花茶之一，具有润肺解毒、清热祛湿、滑肠的功效。能治湿热下痢，里急后重，又能润肺解毒。鸡蛋花茶带着淡淡的甘甜味，非常适合夏季饮用，是解暑降热的佳品。

### 小档案

性味：性凉，味甘。
习性：喜高温高湿、阳光充足、排水良好的环境。
繁殖方式：扦插。
采食时间：夏秋季采茎皮，花开时采花。
食用部位：花朵。

### 食用方法

炖汤、蒸食。鸡蛋花洗净切细，与鸡蛋调匀蒸食，其气味清香，软润可口，是用来治疗咳嗽和支气管炎的良药。

### 分布情况一览

广东、广西、云南、福建以及长江流域。

花数朵聚生于枝顶，花冠筒状，外面乳白色，中心鲜黄色。

枝条粗壮，具丰富乳汁，绿色，无毛。

# 山丹百合

## 润肺止咳，镇静滋补

山丹百合的鳞茎含有丰富的蛋白质、淀粉、各种维生素和无机盐等，对人体有较好的滋补功能，有平喘止咳、镇静滋补、养阴润肺、清心安神的功效，主治虚烦惊悸、失眠多梦、阴虚久咳、痰中带血、精神恍惚等。

### 小档案

性味：味微苦，性平。
习性：耐寒，喜阳光。充足，喜微酸性土。
繁殖方式：扦插。
采食时间：夏秋。
食用部位：花朵部分可食用，鳞茎及叶可入药。

### 食用方法

可作为蔬菜食用，也可搭配其他食材煮食、炒食或腌渍。花朵晒干后可泡茶。

### 分布情况一览

黑龙江、吉林、辽宁、河北、河南、山东、山西、内蒙古、陕西、宁夏、甘肃、青海。

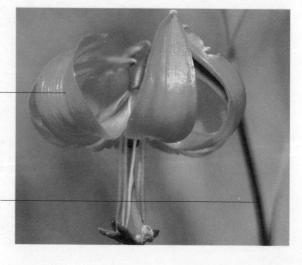

花排列成总状花序，有香味。蒴果矩圆形。

地上茎有小乳头状突起，有的带紫色条纹。

# 有斑百合

## 润肺止咳，宁心安神

有斑百合入药可治疗肺虚久咳、痰中带血、神经衰弱、惊悸、失眠、筋骨损伤、创伤出血、月经过多、虚热证。其含有多种生物碱，对白细胞减少症有预防作用，对化疗及放射性治疗后细胞减少有治疗作用。

### 小档案

性味：味甘，性平。
习性：性喜冷凉湿润气候、半阴环境。
繁殖方式：种子。
采食时间：秋季。
食用部位：鳞茎、叶、花均可食用，花和鳞茎可入药。

### 食用方法

可作为蔬菜食用，也可搭配其他食材煮食、炒食或腌渍。也可泡茶饮。

### 分布情况一览

分布于内蒙古、吉林、山东、山西、河北、辽宁、黑龙江。

花单生或数朵呈总状花序，生于茎顶端，花直立，深红色，有褐包斑点。

茎直立，有时近基部带紫色。

---

# 卷丹

## 养阴润肺，清心安神

卷丹具有养阴润肺止咳功效，多用于辅助治疗肺虚久咳、劳嗽咯血、虚烦惊悸、失眠多梦、精神恍惚等症。可也用来制作药膳，如制作成花茶饮服，就具有清心安神功效，适宜热病余热未清者、虚烦惊悸者、更年期综合征患者食用。

### 小档案

性味：味甘，性微寒。
习性：耐寒，喜向阳和干燥环境，宜冷凉而怕高温酷热和多湿气候。
繁殖方式：分株。
采食时间：秋季。
食用部位：花。

### 饮食宜忌

尤适宜阴虚久咳、痰中带血、虚烦惊悸、失眠多梦患者。

### 食用方法

可搭配其他食材煮食、炒食或腌渍。

### 分布情况一览

江苏、浙江、湖南、安徽。

茎秆上着生黑紫色斑点，使株秆呈暗褐色。

花色橙红色或砖黄色，花序总状，花瓣较长。

叶互生，叶腋间生有可繁殖的珠芽。狭披针形，密集于茎秆的中上部。

# 玉簪花

## 清热消肿，解毒止痛

玉簪花具有润肺和咽、凉血止血、清热利湿的功效，主治咽喉肿痛、小便不通、疮毒、烧伤。全株均可入药，花具有利湿、调经止带之功，根具有清热消肿、解毒止痛之功，叶能解毒消肿。

### 小档案

性味：味甘，性平。

习性：喜阴湿环境，喜肥沃、湿润的沙壤土，性极耐寒。

繁殖方式：分株。

采食时间：在 7~8 月份花似开非开时。

食用部位：花朵，全株入药。

### 饮食宜忌

一般人群皆可食用，孕妇慎服。

### 食用方法

可泡茶喝，也可炒食、炖汤。

### 分布情况一览

全国各地均有分布。

花向叶丛中抽出，花白色或紫色，有香气，具细长的花被筒。

叶茎生成丛，心状卵圆形，脸具长柄，叶脉弧形。

根状茎粗壮，有多数须根。

---

# 紫萼

## 散淤止痛，清热解毒

紫萼全株入药有散淤止痛、解毒的功效，主治跌打损伤、胃痛，其根还可用于治疗牙痛、赤目红肿、咽喉肿痛、乳腺炎、中耳炎、疮痛肿毒、烧烫伤、蛇咬伤等症。紫萼对中老年人呼吸道疾病的防治，有特殊功效。

### 小档案

性味：味甘、微苦，性温平。

习性：喜温暖湿润的气候，耐荫抗寒性强。

繁殖方式：分株繁殖、种子繁殖。

采食时间：6~7 月采花，8~9 月采果。

食用部位：花朵、嫩茎叶，根可入药。

### 食用方法

花朵可泡茶喝，嫩芽和生长期的叶柄经焯水后可凉拌，也可炒菜。晒干后，可作火锅、炒菜等配菜。

### 分布情况一览

河北、陕西以及华东、中南、西南。

多年生草本，常直立，茎粗达 2 厘米，常直生，根被绵毛。

花直立，花梗青紫色，花被淡青紫色，盛开时从花被管向上骤然作近漏斗状扩大。

叶基生，叶面亮绿色，背面稍淡，卵形或菱状卵形。

# 雨久花

## 清热定喘，解毒消肿

中医认为，雨久花味甘，性凉，具有清热、去湿、定喘、解毒的功效。可辅助治疗高热、喘息、小儿丹毒等症。以地上全草入药，夏季采集，药效最佳。

### 小档案

性味：味甘，性凉。

习性：性强健，耐寒，多生于沼泽地、水沟及池塘的边缘。

繁殖方式：种子、分株、移栽。

采食时间：夏季采集嫩茎叶。

食用部位：嫩茎叶、花朵可食，全株入药。

### 食用方法

采摘鲜花，晒干后可泡茶饮。嫩茎叶用水焯熟后可凉拌或炒食，也可炖汤。

### 分布情况一览

东北、华南、华东、华中。

总状花序顶生，有时排成总状圆锥花序，蓝紫色。

茎直立或稍倾斜。

叶多型；挺水叶互生，具短柄，阔卵状心形。

---

# 梅花

## 开胃散郁，生津化痰

梅花除热烦满，安心，止肢体痛，去青黑痣，蚀恶肉。花蕾能开胃散郁、生津化痰、活血解毒；根研末可治黄疸。用梅果加工成的乌梅肉具敛肺涩肠、杀虫生津的功效，对大肠杆菌、痢疾杆菌等均有抑制作用。

### 小档案

性味：味酸、涩，性平。

习性：喜温暖、湿润的气候。

繁殖方式：扦插繁殖、压条繁殖。

采食时间：春季采花，夏季采果。

采食部位：花朵。

### 饮食宜忌

脾湿胃寒者忌服。

### 食用方法

可泡茶喝，也可制作糕点、蜜饯。

### 分布情况一览

川东、鄂西、鄂东南、赣东北、皖浙山区。

梅树的花，冬末春初先叶开放，花瓣五片，有白、红、粉红等多种颜色。

株高5~10米，干呈褐紫色，多纵驳纹。小枝呈绿色。

# 玉兰花

## 祛风散寒，宣肺通鼻

玉兰花性味辛、温，含有丰富的维生素、氨基酸和多种微量元素，具有祛风散寒、宣肺通鼻的功效。可用于头痛、血淤型痛经、鼻塞、鼻窦炎、过敏性鼻炎等症。现代药理学研究表明，玉兰花对皮肤真菌有抑制作用。

### 小档案

性味：味辛，性温。
习性：喜光，较耐寒，可露地越冬，爱高燥，忌低湿。
繁殖方式：嫁接、压条、扦插、播种。
采食时间：12月至翌年1月，冬季开花。
食用部位：花瓣。

### 饮食宜忌

一般人群皆可食用，与鱼同食养脾益气。

### 食用方法

可煎食或蜜饯制作小吃，也可泡茶饮用。

### 分布情况一览

中部及西南各省。

花先叶开放，直立，钟状，兰花白如玉，花香似兰。

叶互生，大型叶为倒卵形，先端短而突尖，基部楔形，表面有光泽，嫩枝及芽外被短绒毛。

# 白兰花

## 温肺止咳，消炎化浊

白兰花具有温肺止咳、消炎化浊的功效。多用于治疗慢性支气管炎、前列腺炎、白浊、妇女白带等症。其提取物可以改善肌肤的黯黄、肤色不均等问题。常用于白兰香型的香水、润肤霜、雪花膏等护肤品的配料。

### 小档案

性味：味苦，辛，性温。
习性：喜光照充足、暖热湿润和通风良好的环境，不耐寒，不耐阴。
繁殖方式：压条繁殖、嫁接繁殖。
采食时间：华南地区常年可采。
食用部位：花朵可食，也可入药。

### 食用方法

可熏制花茶、酿酒或提炼香精。白兰花外形条索紧结重实，香气浓郁持久。

### 分布情况一览

北京及黄河流域。

叶片长圆，单叶互生，青绿色，革质有光泽。

花瓣白如皑雪，生于叶腋之间，花瓣肥厚，长披针形，有浓香。

# 兰花

## 润肺下气，止呕明目

兰花全株可入药，其根可治肺结核、肺脓肿及扭伤，也可接骨。其叶治百日咳，果能止呕吐，种子治目翳。蕙兰全草能治妇女病，春兰全草治神经衰弱、蛔虫和痔疮等病。剑兰叶可治虚人肺气。兰草花梗可治恶癣。

### 小档案

性味：味辛，性平。
习性：喜半阴半阳，喜湿润透风。
繁殖方式：种子繁殖、分株繁殖。
采食时间：7~11月。
食用部位：花朵。

### 食用方法

兰草的香气用来熏茶，品质最高。花可点汤，点汤时，先以热水瀹过，汤味鲜美。兰草可作菜肴。

### 分布情况一览

山东、江苏、浙江、江西、湖北、湖南、云南、四川、贵州、广西、广东、陕西。

花序分枝及花序梗上的毛较密。花白色或带微红色。

茎直立，绿色或红紫色，分枝少或仅在茎顶有伞房花序分枝。

叶自茎部簇生，线状披针形，具革质。

# 迎春花

## 清热解毒，止血利尿

迎春的叶解毒消肿、止血、止痛，适用于跌打损伤、外伤出血、口腔炎、痈疖肿毒、外阴瘙痒等症。迎春花具有清热利尿、解毒之效。常用于发热头痛、小便热痛、下肢溃疡等症。

### 小档案

性味：味苦，性平。
习性：喜光，稍耐阴，略耐寒，怕涝。
繁殖方式：扦插、压条、分株。
采食时间：2~4月。
食用部位：春季采花，夏季采叶。

### 饮食宜忌

一般人群皆可食用，脾胃湿热的者慎服。

### 食用方法

泡茶、炒、炸、烩菜肴、制作甜点。

### 分布情况一览

华北以及辽宁、陕西、山东。

花单生于叶腋间，花冠高脚杯状，鲜黄色，顶端6裂，或成复瓣。

枝条细长，拱形下垂生长，植株较高。

第三章

# 根茎类
## 野菜

　　根茎是指延长横卧的根状地下茎。有明显的
节和节间，节上有退化的鳞片叶，前端有顶芽，
旁有侧芽，向下常生有不定根。人们经常食用的
根茎类野菜有甘薯、地瓜、魔芋、菊芋等。块茎
和块根食用时一般不需要过多的处理，经烹煮后
即可食用。

# 马蹄

## 清热解毒，调理痔疮

荸荠全株入药，其果实有清热止渴、利湿化痰、降血压之效。多用于热病伤津烦渴、咽喉肿痛、口腔炎、小便不利、麻疹、肺热咳嗽等症。地上全草有清热利尿之效。适用于呃逆、小便不利。

**分布情况一览：**
分布于广西、江苏、安徽、浙江、广东、湖南、湖北、江西。

**适宜人群：**
一般人群均可食用。

叶片膜片状，着生于叶状茎基部及球茎上部。

穗状花序，小花螺旋状贴生。

地下茎为扁圆形，表面呈深褐色或枣红色。肉白色，可食。

## 食用方法

可用于炒、烧或做馅心，可制淀粉，可做中药，可作为水果，可制罐头，可作凉果蜜饯。生吃、熟吃都可以。

**营养成分**
（以100g为例）

| | |
|---|---|
| 蛋白质 | 1.2g |
| 脂肪 | 0.2g |
| 膳食纤维 | 1.1g |
| 碳水化合物 | 14.2g |
| 维生素C | 7mg |

## 实用偏方

【黄疸湿热，小便不利】荸荠打碎，煎汤代茶，每次 200 毫升。

【痞积】荸荠于三伏时以火酒浸晒，每日空腹细嚼 7 枚，痞积渐消。

【腹满胀大】乌芋去皮，填入雄猪肚内，线缝，砂器煮糜食之，勿入盐。

【大便下血】荸荠捣汁 20 毫升，好酒 10 毫升，空腹温服。

**小贴士：**
荸荠以个大、洁净、新鲜为上品。一般就皮色的不同，可分为"铜箍地栗"和"铁箍地栗"两种。前者皮薄，色泽鲜艳呈紫红色，肉嫩多汁，清甜，可代水果；后者皮稍厚，紫黑色，肉质爽脆，宜煮食或炒。

# 菱角

## 利尿通乳，补脾益气

菱角具有利尿通乳、止消渴、解酒毒、补脾益气、强股膝、健力益气的功效，可缓解皮肤病，辅助治疗小儿头疮、头面黄水疮、皮肤赘疣等多种皮肤病。菱角具有一定的抗癌作用，经常食用可防治食管癌、胃癌、子宫癌等。

藤长绿叶子，叶子形状为菱形，表面深亮绿色，无毛。

**分布情况一览：**
分布于陕西、安徽、江苏、湖北、湖南、江西、浙江、福建。

**人群宜忌：**
脾胃虚弱者宜食。

果实为坚果，垂生于密叶下水中，必须全株拿起来倒翻，才看得见。

一年生水生草本植物。茎为紫红色，开鲜艳的黄色小花。

**营养成分**
（以100g为例）

| 脂肪 | 0.1g |
| --- | --- |
| 碳水化合物 | 21.4g |
| 钠 | 5.8mg |
| 烟酸 | 1.5mg |
| 铁 | 0.6mg |

## 食用方法

新鲜的菱秧洗净，切碎剁成泥，辅以肉馅制成包子，蒸熟之后味道鲜美。菱实幼嫩时可当水果生食，也可蒸食或熬粥，老熟果可熟食或加工制成菱粉。

## 养生食谱

**莲藕菱角排骨汤**

材料：莲藕、菱角各300克，排骨600克，胡萝卜、盐、白醋各适量。

制作：1.排骨斩块氽烫，捞起冲净；莲藕削皮、洗净、切片；菱角氽烫，捞起，剥净外表皮膜。2.材料入炖锅，加水、醋，大火煮开转小火炖35分钟，加盐调味。

功效：此汤有补脾益气、强膝健力之效。

**小贴士：**
菱角食用时不宜过量。秋季是菱角采摘时节，刚摘下来又鲜又嫩，极有可能感染寄生在菱角上的姜片虫。姜片虫寄生于人体小肠，可引起消化道及全身症状，如腹痛、腹胀、腹泻等，重者可发生贫血。

第三章　根茎类野菜

# 鱼腥草

## 清热解毒，利尿消肿

　　鱼腥草具有清热解毒、利尿消肿、通淋等养生功效。多用于辅助治疗肺热喘咳、肺痈吐脓、喉蛾、热痢、疟疾、水肿、热淋、湿疹、脱肛等病症。煎剂内服具有抗菌作用，对金黄色葡萄球菌、白色葡萄球菌等均有一定抑制作用。

**分布情况一览：**
陕西、甘肃及长江流域以南各地。

**特殊用处：**
鱼腥草具有抗辐射和增强机体免疫的作用，无任何毒副作用。

叶互生，薄纸质，有腺点，背面尤甚，卵形或阔卵形，全缘，背面常紫红色。

花小，白色，花瓣状，花序长约2厘米，宽5~6毫米；总花梗长1.5~3厘米，无毛；总苞片长圆形或者倒卵形。

茎上部直立，常呈紫红色，下部匍匐，节上轮生小根。

## 食用方法

嫩茎叶经沸水焯熟后可直接凉拌、炒食或炖汤，也可晒干后泡茶喝。用开水泡入杯中，5分钟后就可以饮用，可反复冲泡，每天坚持8杯，两周以上，瘦身效果明显。

**营养成分**
**（以100g为例）**

| 碳水化合物 | 0.3g |
| --- | --- |
| 膳食纤维 | 0.3g |
| 维生素C | 70mg |
| 磷 | 38mg |
| 钙 | 123mg |

## 药典精要

《履巉岩本草》："大治中暑伏热闷乱，不省人事。"

《滇南本草》："治肺痈咳嗽带脓血，痰有腥臭，大肠热毒，疗痔疮。"

《纲目》："散热毒痈肿，疮痔脱肛，断痁疾，解硇毒。"

《医林纂要》："行水，攻坚，去瘴，解暑。疗蛇虫毒，治脚气，去淤血。"

**实用偏方：**
【肺炎】取鱼腥草30克，桔梗15克，加水800毫升，煎至200毫升。每次30毫升，日服3~4次。

【皮肤科疾患】取鱼腥草500克，加水1500毫升，得蒸馏液750毫升，局部外敷。

# 何首乌

## 补血强筋，润肠通便

何首乌性温，味甘，具有补肝肾、益精血、强筋骨、乌发的功效。中医多用于血虚、头昏目眩、体倦乏力、萎黄、肝肾精血亏虚、眩晕耳鸣、腰膝酸软、须发早白等症。煎剂内服可治血虚、眩晕、耳鸣、失眠、须发早白等。

**分布情况一览：**
陕西、甘肃、四川、云南、贵州。
**适用人群：**
有肝病史者须在医生指导下服用该药物，大便溏泻及有湿痰者慎服。

茎缠绕，多分枝，纵棱，无毛，粗糙，下部木质化。

块根肥厚，长椭圆形，黑褐色。

叶卵形或长卵形，顶端渐尖，基部心形或近心形，两面粗糙，边缘全缘。

## 营养成分

| | |
|---|---|
| 淀粉 | 糖类 |
| 大黄酚 | 大黄素 |
| 大黄酸 | 脂肪油 |
| 大黄素甲醚 | 卵磷脂 |

## 食用方法

花可凉拌，花朵在沸水中焯熟后可凉拌，也可与其他菜品搭配炒食。根可以做成何首乌炒猪肝、何首乌炒鸡丁、何首乌煨鸡等，味道鲜美可口。

## 药典精要

《何首乌传》："主治五痔，腰膝之病，冷气心痛，积年劳瘦，痰癖，风虚败劣，长筋力，益精髓，壮气、驻颜、黑发，延年，妇人恶血萎黄，产后诸疾，赤白带下，毒气入腹，久痢不止。"
《开宝本草》："主瘰疬，消痈肿，疗头面风疮，疗五痔，止心痛，益血气。"

**实用偏方：**
【气血俱虚，久疟不止】何首乌，当归10~15克，人参15~25克，陈皮10~15克，煨生姜3片。水煎。于发前温服之。若善饮者，以酒浸一宿，次早加水煎服亦妙，再煎不必用酒。

# 莲

## 散淤止血，健脾生肌

莲全株入药，具有清热生津、凉血、散淤止血、健脾生肌、开胃消食、益血止血、补脾止泻、益肾涩精、养心安神等功效。多用于脾虚久泻、心悸失眠、神经官能症、糖尿病、脂肪肝、小儿遗尿症等症。

**分布情况一览：**
全国各地均有分布。
**人群宜忌：**
适宜爱美女士、肾虚体弱者及上火者食用。便溏者和孕妇少食。

聚合果球形，内含多数椭圆形小坚果。

花单生于细长的花柄顶端，多白色，漂浮于水。

叶丛生，具细长叶柄，浮于水面，低质或近革质，近圆形或卵状椭圆形，上面浓绿，幼叶有褐色斑纹，下面暗紫色。

## 食用方法

可以生食、凉拌、捣汁或煮食，也可以做成糖藕粉糯米团、莲藕桃仁、鲜藕粳米粥、桂花糯米藕等。莲子可以直接食用。莲子心中的青嫩胚芽及荷梗可泡茶饮。

### 营养成分
（以100g为例）

| | |
|---|---|
| 蛋白质 | 1.0g |
| 脂肪 | 0.1g |
| 灰分 | 0.7g |
| 碳水化合物 | 19.8g |
| 粗纤维 | 13mg |

## 养生食谱

**百合莲藕绿豆浆**
原料：百合20克，莲藕30克，绿豆50克，白糖适量。
制作：1.绿豆洗净泡发；百合用温水泡开；莲藕洗净，去皮，切块。2.将以上食材全部倒入豆浆机中，加水打成豆浆，倒出过滤，再加入适量的白糖，即可饮用。
功效：此豆浆有润心肺、解毒热之效。

**实用偏方：**
【中暑、肺热、心烦意燥】藕15克（鲜者30），水煎去渣，临睡前顿服。莲根9克，水煎，日分2次服。
【失眠、遗精、血热】莲子中的青嫩胚芽3克煎服或泡茶饮。

# 虎杖

## 清热解毒，活血散瘀

虎杖全株入药具有清热解毒、祛风利湿、散淤止痛、止咳化痰的功效。多用于关节痹痛、湿热黄疸、经闭、咳嗽痰多、烫伤、痈肿疮毒等症。其根状茎药用有活血化痰、祛风解毒、消炎止痛、降低血脂的功效。

**分布情况一览：**
分布于山东、河南、陕西、湖北、湖南。

**人群宜忌：**
糖尿病患者、哮喘患者宜煎煮服用。

叶片宽卵状椭圆形或卵形，顶端急尖，基部圆形或阔楔形，托叶鞘褐色，早落。

茎直立，丛生，表面散生红色或紫红色斑点，根状茎横走，木质化，外皮黄褐色。

花单性，雌雄异株，花序圆锥状，腋生，苞片漏斗状，顶端渐尖，无缘毛。花柱头流苏状。

第三章　根茎类野菜

### 营养成分
（以100g为例）

| | |
|---|---|
| 膳食纤维 | 2.5g |
| 维生素C | 1.0mg |
| 钙 | 17mg |
| 镁 | 13mg |
| 铁 | 0.5mg |
| 钾 | 204mg |

## 食用方法

嫩茎叶可做蔬菜，在沸水中焯熟，然后水中浸泡一会儿以去除酸涩味，可凉拌、炒食，也可用来炖汤。根煮熟并冰镇后可做冷饮，清凉解暑；液汁可染米粉，别有风味。

## 药典精要

《日华子本草》："治产后恶血不下，心腹胀满。排脓，主疮疖痈毒，妇人血晕，扑损淤血，破风毒结气。"

《滇南本草》："攻诸肿毒，止咽喉疼痛，利小便，走经络。治五淋白浊，痔漏，疮痈，妇人赤白带下。"

《医林纂要》："坚肾，强阳益精，壮筋骨，增气力。可续筋接骨，活血散淤。"

**实用偏方：**
【小便不利】虎杖为末，每服10克，米汤送下，每日3次。

【皮肤下面发响声，遍身痒不可忍，抓之血出亦不止痒】虎杖、人参、青盐、细辛各50克，加水煎服，每日1次。

# 党参

## 补中益气，健脾益肺

党参性平，味甘，具有补中益气、健脾生津之效，多用于中气不足的体虚倦怠、食少便溏等症，常与补气健脾除湿的白术、茯苓等同用。对肺气亏虚的咳嗽气促、语声低弱等症有明显疗效，也可其代替人参，治疗脾肺气虚的轻证。

**分布情况一览：**
东北、华北及陕西、宁夏、甘肃、青海、河南、四川、西藏。

**适用人群：**
尤适宜体质虚弱，气血不足，面色萎黄者。

花单生，梗细，花萼绿色。

叶对生、互生或假轮生，叶片卵形或狭卵形，基部近于心形，边缘具波状钝锯齿。

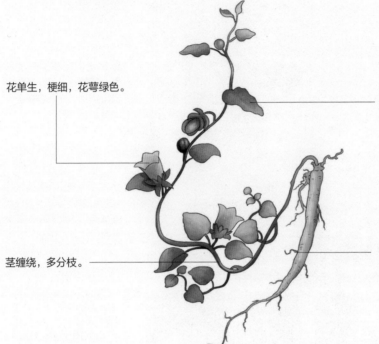

茎缠绕，多分枝。

根长圆柱形，顶端有一膨大的根头，具多数瘤状的茎痕

**营养成分**

| 糖类 | 酚类 |
|------|------|
| 甾醇 | 皂甙 |
| 葡萄糖甙 | 挥发油 |
| 维生素B$_1$ | 维生素B$_2$ |
| 氨基酸 | 黄芩素 |

## 食用方法

嫩茎叶及根在沸水中炒熟后可凉拌，也可煎汤、煮粥，或与其他菜品一起炒食。具有补中益气、健脾益胃的功效。生津止渴宜生用，健脾益气宜炙用。

## 药典精要

《本经逢原》："清肺。上党人参，虽无甘温峻补之功，却有甘平清肺之力，亦不似沙参之性寒专泄肺气也。"
《中药材手册》："治虚劳内伤，肠胃中冷，滑泻久痢，气喘烦渴，发热自汗，妇女血崩、胎产诸病。"
《本草从新》："补中益气，和脾健胃，除烦消渴。"

**实用偏方：**
【泻痢与产育气虚脱肛】党参10克，炙耆、白术、肉蔻霜、茯苓各7~8克，怀山药10克，升麻3克，炙甘草3.5克，加生姜2片煎服。
【口舌生疮】党参、黄芪各10克，茯苓、甘草、白芍各3克，水煎温服。

# 板蓝根

## 清热解毒,凉血利咽

板蓝根入药具有清热解毒、凉血、抗病的功效。主治温毒发斑、高热头痛、大头瘟疫、丹毒、痄腮、喉痹、疮肿、痈肿、水痘、麻疹、乙脑、肺炎、神昏吐衄、咽肿等症,可防治急慢性肝炎、流行性腮腺炎、骨髓炎。

**分布情况一览:**
全国各地均有分布,主产于河北、江苏、安徽、河南。

**适用人群:**
一般人群皆可食用,体虚无实火热毒者忌服。

叶互生,基生叶较大,具柄,叶片长圆状椭圆形;茎生叶长圆形至长圆状倒披针形。

花小,花瓣黄色,倒卵形,先端近平截,边缘全缘,基部具不明显短爪。

茎直立,节显明,有钝棱。地上茎对生分枝

根茎有膨大的节,节上分生稍粗的根茎及细长的须根。

**营养成分**

| 磷 | 钾 |
|---|---|
| 蔗糖 | 纤维素 |
| 淀粉 | 粗蛋白 |
| 靛蓝 | 靛玉红 |
| 靛玉红 | 谷甾醇 |
| 腺苷 | 棕榈酸 |

## 食用方法

煮汤,素炒。在板蓝根苗长到15~20厘米的时候,可以将板蓝根连叶带根洗净,像煮白菜一样放点油、盐、味精就可以。素炒放点辣椒、大蒜、葱,再把切好的板蓝根放入一起炒。

### 药典精要

《现代实用中药》:"马蓝根为清凉、解热、解毒剂,用于丹毒、产褥热等。"
《中药志》:"清火解毒,凉血止血。治热病发斑,丹毒,咽喉肿痛,大头瘟,及吐血、衄血等症。"
《广西中草药》:"治乙脑,流感,流脑,咽喉炎、口腔炎、扁桃体炎。"

**实用偏方:**
【流行性感冒】辅仁板蓝根50克,羌活25克。煎汤,每日2次分服,连服2~3日。
【痘疹出不快】板蓝根50克,甘草1.5克(锉,炒)。同研细末,每服2.5克,取雄鸡冠血三两滴,与温酒同调服。

第三章 根茎类野菜

# 地黄

## 清热凉血，养阴生津

地黄有生、熟之分，生地黄味甘苦、性寒，能凉血。多用于温热病之高热、口渴、舌红绛等症状。熟地黄则补血滋润、益精填髓，多用于血虚萎黄、眩晕、心悸、失眠及月经不调、崩漏等症。

**分布情况一览：**
分布于辽宁、河北、河南、山东、山西等地。

**人群宜忌：**
湿疹、月经不调、血崩、患者适宜食用。

花梗细弱弯曲后上升，在茎顶部排列成总状花序。

蒴果卵形至长卵形。

根茎肉质，鲜时黄色，茎紫红色。

叶片卵形至长椭圆形，上面绿色，下面略带紫色或成紫红色。

## 食用方法

可以用来煮汤，也可榨取汁液后和面做成面食。地黄根可以切成片后蒸火腿或切成丝炒肉，也可以配炒各种时新蔬菜，还可以制成生地天门冬猪肝汤、蜂蜜地黄粥、姜汁地黄粥。

### 营养成分

| | |
|---|---|
| 蛋白质 | 脂肪 |
| 碳水化合物 | 叶酸 |
| 膳食纤维 | 胆固醇 |
| 维生素A | 维生素B$_6$ |
| 维生素C | 维生素E |

## 药典精要

《本草衍义》："血虚劳热，产后虚热，老人中虚燥热，须地黄者，若与生、干，常虑大寒，如此之类，故后世改用熟者。"
《本草汇言》："凡阴虚咳嗽，内热骨蒸，或吐血，脾胃薄弱，大便不实，溏泄，产后泄泻、不食，俱禁用地黄。"
《珍珠囊》："大补血虚不足，通血脉，益气力。"

**实用偏方：**
【贫血】熟地黄20克，当归15克，阿胶15克，陈皮6克。水煎服，每日1剂。
【关节炎】生地黄100克，水煎，分2次服用。
【传染性肝炎】生地黄12克，甘草6克。水煎服，每日1剂。

# 魔芋

## 活血化淤，解毒消肿

魔芋含有凝胶样的化学物质，具有防癌、抗癌的功效。中医认为魔芋具有宽肠通便、化痰软坚的功效，可辅助治疗降血压、降血糖、瘰疬痰核、损伤淤肿、便秘腹痛、咽喉肿痛、牙龈肿痛等症。

**分布情况一览：**
四川、湖北、云南、贵州、陕西、广东、广西、台湾。

**适用人群：**
适用于便秘、高脂血症。可预防胃癌、肠癌。

地下块茎扁圆形，宛如大个儿荸荠，直径可达25厘米以上。

一株只长一叶，羽状复叶，叶柄粗长似茎，淡绿色，有暗紫色斑，掌状复叶。

## 食用方法

魔芋地下块茎可加工成魔芋粉供食用，并可制成魔芋豆腐、魔芋挂面、魔芋面包、魔芋肉片、果汁魔芋丝等多种食品。

### 营养成分
（以100g为例）

| | |
|---|---|
| 蛋白质 | 4.2g |
| 碳水化合物 | 4.4g |
| 灰分 | 4.3g |
| 粗纤维 | 74.4g |
| 维生素B$_2$ | 0.1mg |

## 养生食谱

**鲜笋魔芋面**

材料：魔芋面条、茭白笋、玉米笋各100克，大黄、甘草、西蓝花、盐各适量。

做法：1.全部药材煎煮滤取药汁。2.茭白笋洗净切片；玉米笋洗净切对半；西蓝花洗净。3.魔芋面条入锅，加上以上原料，倒入药汁加热煮沸，盛入面碗中即可。

功效：此面适宜肥胖症患者食用。

**小贴士：**
在魔芋收挖后，选无病无伤的小球茎，在太阳下晒2天后入地窖。入窖前地窖用草烧一次，再撒硫黄粉消毒。窖内贮量为容量一半为宜。冬季密封窖门，但窖上要留一小风孔，注意通风透气。

第三章 根茎类野菜

# 桔梗

## 宣肺祛痰，利咽排脓

　　桔梗是我国传统常用中药材，药食两用。中医认为，桔梗性平、味苦辛，能祛痰止咳，并有宣肺、排脓作用。主治咳嗽痰多、咽喉肿痛、肺痈吐脓、胸满胁痛、痢疾腹痛、口舌生疮、目赤肿痛、小便癃闭等症状。

**分布情况一览：**
产于东北、华北、华东、华中各省以及广东、广西等地。

**适用人群：**
一般人群皆可食用，十二指肠溃疡者慎服。

花大形，单生于茎顶或数朵成疏生的总状花序，花冠钟形，花蓝紫色或蓝白色。

茎直立，通常无毛，偶密被短毛，不分枝，极少上部分枝。

叶多为互生，少数对生，叶子卵形或卵状披针形，花暗蓝或暗紫色。

## 食用方法

嫩茎叶和根均可供蔬食。春夏时节采摘嫩叶做菜，如清炒桔梗苗、银耳桔梗苗，秋季采挖鲜根，微煮后浸泡在清水中除去苦味，然后腌食或炒菜。

**营养成分**
（以100g为例）

| 钙 | 44mg |
|---|---|
| 镁 | 41mg |
| 维生素C | 36mg |
| 钾 | 146mg |
| 钠 | 12.2mg |
| 维生素E | 3.67mg |

## 药典精要

《日华子本草》："下一切气，止霍乱转筋，心腹胀痛，补五劳，养气，除邪辟温，补虚消痰，破癥瘕，养血，宣肺排脓，补内漏及喉痹。"

《药性论》："治下痢，破血，去积气，消积聚，痰涎，主肺热气促嗽逆，除腹中冷痛，主中恶及小儿惊痫。"

**实用偏方：**
【风温初起】桑叶、桔梗、杏仁、苇根各6克，连翘5克，菊花、甘草、薄荷各2.5克，水煎服。
【温病初起】连翘、牛蒡子、芦根各9克，薄荷、苦桔梗各6克，竹叶、生甘草、荆芥穗、淡豆豉各5克，煎服。

# 紫菀

## 润肺下气，化痰止咳

　　紫菀根入药具有很好的抗菌作用。紫菀花味苦、辛，性温，主治咳嗽、肺虚劳嗽、肺痿肺痈、咳吐脓血、小便不利。多用于痰多喘咳，新久咳嗽，劳嗽咯血等症。用紫菀花煎水温服，可治肺痨。

**分布情况一览：**
主产河北、安徽、东北及内蒙古。

**特殊用处：**
开浅蓝色小花，适于草坪边缘作地被植物，可做夏秋花园中的点缀。

头状花序排成伞房状，有长梗，密被短毛；总苞半球形，边缘紫红色；舌状花蓝紫色，筒状花黄色。

多年生草本，高1~1.5米。茎直立，有棱及沟，被疏粗毛，有疏生的叶。

基生叶丛生，长椭圆形，基部渐狭成翼状柄，边缘具锯齿。茎生叶互生，卵形或长椭圆形，渐上无柄。

### 营养成分

| 钙 | 磷 |
| --- | --- |
| 蛋白质 | 脂肪 |
| 粗纤维 | 胡萝卜素 |
| 维生素B$_2$ | 抗坏血酸 |

## 食用方法

泡茶、炒食。嫩苗经沸水焯熟后可凉拌，也可炒食。紫菀炒肉丝，适用于咳嗽痰多、小便不利等症状。紫菀花朵晒干后可泡茶饮，润肺下气，止咳化痰。

## 药典精要

　　《本草经疏》："紫菀，观其能开喉痹，取恶涎，则辛散之功烈矣，而其性温，肺病咳逆喘嗽，皆阴虚肺热证也，不宜专用及多用，即用亦须与天门冬、百部、麦冬、桑白皮苦寒之药参用，则无害。"
　　《本草通玄》："紫菀，辛而不燥，润而不寒，补而不滞。然非独用、多用不能速效，小便不通及溺血者服50克立效。"

**实用偏方：**
【妊娠咳嗽不止】紫菀根50克，桔梗25克，甘草、杏仁、桑白皮各10克，天门冬50克。上细切，每服15克。竹茹一块，水煎去滓，入蜜半匙，煎二沸温服。
【吐血嗽血】紫菀、茜根研细末，炼蜜丸含化。

第三章　根茎类野菜

# 黄精

## 滋肾润肺，补脾益气

　　黄精以根茎入药，具有补气养阴、健脾、润肺、益肾功能。常用于治疗脾胃虚弱、体倦乏力、口干食少、肺虚燥咳、精血不足、干咳少痰、内热消渴、腰膝酸软、须发早白及消渴等症。同时对糖尿病也很有疗效。

**分布情况一览：**
河北、内蒙古、陕西。

**适用人群：**
一般人群皆可食用。中寒泄泻、痰湿痞满气滞者不宜食用。

花腋生下垂，花被筒状，花白色。

叶无柄，叶片线状披针形至线形。

根茎横生，肥大肉质，黄白色，略呈扁圆形。

### 营养成分

| 黏液质 | 淀粉 |
|---|---|
| 氨基酸 | 糖分 |
| 蒽醌类化合物 | 维生素 |

## 食用方法

黄精嫩叶可以焯熟后凉拌，黄精可以略煮之后加入白糖凉拌，此外还可以制成黄精炖瘦肉、黄精粥、黄精蒸鸡、黄精酒等，都是冬季补虚的佳品。

## 养生食谱

### 佛手黄精炖乳鸽

原料：乳鸽1只，佛手、黄精各15克，枸杞、盐、葱段、姜片、天麻各适量

制作：1.乳鸽处理干净，汆汤；枸杞、天麻、黄精洗净稍泡。2.炖盅入水，放入全部材料大火煲沸后转小火煲3小时，放入葱段，加盐调味即可。

功效：此汤有理气散结、舒肝健脾之效。

**实用偏方：**
【滑精、元气不足】枸杞子、黄精等分。研细末，调匀后捏成饼，晾干后再捣末，和蜜团成药丸。空腹，每日服50丸。
【脾胃虚弱】黄精、党参各45克、山药50克，蒸鸡食。

# 牛蒡

## 补肾降压，宣肺透疹

牛蒡有降血糖、降血脂、降血压、补肾壮阳、润肠通便的作用，可用于便秘、高血压、高胆固醇血症的食疗。中医认为牛蒡有疏风散热、宣肺透疹、解毒、利尿、消积、祛痰止泄等功效。

**分布情况一览：**
东北、华北、西北、华东、华中、西南等地。

**适用人群：**
一般人群皆可食用，尤适宜高血压、高脂血症、糖尿病患者。

基生叶丛生，大形，叶广卵形或心形。

头状花序多数，排成伞房状，花淡红色，全为管状。

瘦果椭圆形，灰褐色。

茎直立，带紫色，上部多分枝，茎生叶。

第三章　根茎类野菜

### 食用方法

牛蒡肉质根细嫩香脆，可炒食、煮食、生食或加工成饮料。嫩茎叶在沸水中焯熟，用水浸泡一会儿以去除异味，可凉拌、炒食或者做汤食用。

**营养成分**
（以100g为例）

| | |
|---|---|
| 脂肪 | 0.1g |
| 纤维素 | 1.5g |
| 蛋白质 | 4.7g |
| 碳水化合物 | 3.5g |
| 胡萝卜素 | 390mg |

### 药典精要

《药性论》："根，细切如豆，面拌作饭食之，消胀壅。又能拓一切肿毒。"

《唐本草》："主牙齿疼痛，劳疟，脚缓弱，风毒，痈疽，咳嗽伤肺，肺壅；疝瘕，积血。主诸风，癥瘕，冷气。"

《本草纲目》："通十二经脉，洗五脏恶气。久服轻身耐老。"

**实用偏方：**
【小儿麻疹透发不快】牛蒡根适量，煮汤饮服。
【急性中耳炎】鲜牛蒡根捣烂榨汁滴耳，每日数次。
【痈疽疮疖】牛蒡根或叶汁涂敷，每日数次。

# 麦冬

## 养阴生津，润肺清心

　　麦冬味甘微苦，性寒，常用于肺燥干咳、虚痨咳嗽、心烦失眠、内热消渴、咽白喉、吐血、咯血、肺痿、肺痈、消渴、热病津伤、咽干口燥等症。此外，还可用来治阴虚肠燥、大便秘结。

分布情况一览：
江西、安徽、浙江、福建、四川、贵州、云南、广西。

适用人群：
胃有痰饮湿浊及暴感风寒咳嗽者忌服。

叶丛生，细长，深绿色，形如韭菜。

花茎自叶丛中生出，花小，淡紫色，形成总状花序。

根茎短，在部分须根的中部或尖端常膨大成纺锤形的肉质块根。

## 食用方法

麦冬的块根富含营养，可以与肉类一起烧食，也可以做成汤、粥、饮料等，如麦冬黄瓜填肉、蛤蜊麦冬汤、麦冬粥、三汁饮等。

## 营养成分

| 谷甾醇 | 氨基酸 |
|---|---|
| 葡萄糖 | 葡萄糖苷 |
| 胡萝卜素 | 黏液质 |
| 糖类 | 豆甾醇 |

## 药典精要

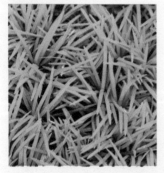

《名医别录》："疗身重目黄，心下支满，虚劳客热，口干烦渴，止呕吐，愈痿蹶，强阴益精，消谷调中，保神，定肺气，安五脏，令人肥健。"

《药性论》："治热毒，止烦渴，主大水面目肢节浮肿，下水。清热解毒。治肺痿吐脓，主泄精。"

实用偏方：
【慢性胃炎】麦冬9克，黄芪9克，党参10克，玉竹10克，黄精10克，天花粉12克。水煎服，每日1剂。
【肠燥便秘，大便干结】麦冬15克，生地15克，玄参15克。水煎服，每日1剂。

## 野胡萝卜

### 健脾化滞，凉肝止血

野胡萝卜能杀虫、解烟毒、消肿、消气、化痰，治妇科病及痒疹。中医认为其健脾化滞、凉肝止血、清热解毒。主治蛔虫、蛲虫、绦虫、钩虫病、虫积腹痛、小儿疳积、阴痒、脾虚食少、腹泻、惊风、逆血、血淋、咽喉肿痛等症。

**小档案**

性味：味甘、辛，性寒凉。

习性：对气候、土壤要求不严。

繁殖方式：种子。

采食时间：春季未开花前采挖，去其茎叶留根。

食用部位：全草、根和果实均入药。

**食用方法**

用清水洗干净，焯熟后可凉拌，也可炒菜、炖菜。

**分布情况一览**

分布于江苏、安徽、浙江、江西、湖北、四川、贵州等地。

叶有长柄，基部销状；叶片2~3回羽状分裂，最终裂片线形或披针形。

茎直立，表面有白色粗硬毛。

## 甘露子

### 祛风利湿，活血散淤

甘露子味甘，性平，具有祛风热利湿、活血散淤的功效。内服可用于辅助治疗黄疸、尿路感染、风热感冒、肺结核等症；外用治疮毒肿痛、蛇虫咬伤。对神经衰弱、头晕目眩、病后体虚、气虚头痛、疳积也有改善作用。

**小档案**

性味：味甘，性平。

习性：喜生温湿地或近水处，不耐高温、干旱，遇霜枯死。

繁殖方式：种子。

采食时间：夏秋采全草，秋季采挖块茎。

食用部位：块茎可食，全草及块茎入药。

**食用方法**

块茎肉质脆嫩，可制蜜饯、酱渍、腌渍品。食用时，以凉拌为主，还可加工成咸菜、罐头、甜果等，是驰名中外的"八宝菜""什锦菜"之一。

**分布情况一览**

全国各地均有分布。

花唇形，浅紫色，轮伞花序，花梗长约1毫米。

叶卵形或椭圆状卵形，先端尖或渐尖，基部宽楔形或浅心形，具圆齿状锯齿。

# 羊乳

## 补虚润燥，和胃解毒

中医认为羊乳具有养阴润肺、益胃生津、补虚润燥、通乳排脓、解毒疗疮的功效。主要以根入药，辅助治疗身体虚弱、乳汁不足、肺脓肿、乳腺炎，淋巴结核等症。还适用于病后体虚、痈疮肿毒、蛇咬伤。

### 小档案

性味：味甘，性温。
习性：喜阴湿环境。
繁殖方式：种子。
采食时间：春秋季采挖，除去根，纵切晒干，或蒸后切片晒干。
食用部位：根。

### 食用方法

煎汤，煎膏滋，入粥、饭、菜肴。生津止渴宜生用，健脾益气宜炙用。

### 分布情况一览

分布于东北及河北、山西、山东、河南、安徽、江西、湖北、江苏、浙江、福建、广西等地。

蒴果圆锥形，宿萼。

花单生或成对生于枝顶，花冠外面乳白色，内面深紫色，钟形。

根粗壮，倒卵状纺锤形。茎攀缘细长，无毛。

# 展枝沙参

## 养阴润肺，益胃生津

中医认为展枝沙参味甘、性寒，具有养阴润肺、益胃生津、祛痰、补气的功效，多适用于治疗肺燥咳嗽及温热病后气液不足、虚劳发热、阴伤燥咳、口渴咽干、慢性支气管炎、肺结核、肺膨胀不全、肺脓肿等症。

### 小档案

性味：味甘、性寒。
习性：生山坡草丛中。
繁殖方式：种子。
采食时间：春季采嫩叶，春季至秋末采根。
食用部位：嫩叶及根可食，根可入药。

### 饮食宜忌

一般人群皆可食用，胃寒脾虚者慎服。

### 食用方法

采集嫩叶后用沸水焯熟，洗净后凉拌，或与肉类炖食。

### 分布情况一览

河北、山西、吉林、黑龙江、辽宁、山东等地。

上部花序分枝，基生叶早枯，茎生叶3~4片轮生，叶边缘具锐锯齿。

茎直立，无毛或具疏柔毛。

# 杏叶沙参

## 强中消渴，清热解毒

中医认为，杏叶沙参味甘，性寒，主治疗疮肿毒、脸上黑泡、中钩吻毒等症。用本品的根捣汁内服，外用药渣敷疮可消除疗疮肿毒。用本品和肉桂各50克，研细，每服5克，醋汤送下，可治疗脸上黑泡。

### 小档案

性味：味甘，性寒。
习性：喜疏松肥沃的土壤。
繁殖方式：种子。
采食时间：春至秋末采收。
食用部位：嫩茎叶可食，根供药用。

### 食用方法

采集嫩叶后用沸水焯熟，洗净后凉拌，也可炒食或炖汤。花朵晒干后可泡茶。

### 分布情况一览

广西、江西、广东、河南、贵州、四川、山西、陕西、湖北、湖南、河北。

总状花序狭长，有疏或稍密的短毛，花冠紫蓝色。

茎生叶互生，无柄或近无柄，叶片狭卵形、菱状狭卵形或长圆状狭卵形。

第三章 根茎类野菜

# 菊芋

## 肠热出血，跌打损伤

中医认为菊芋性味甘平，有利水去湿之效，主治热病、肠热出血、跌打损伤、肿痛。其根茎捣烂外敷治无名肿毒、腮腺炎。菊芋中含有一种与人类胰腺里内生胰岛素结构非常近似的物质，可预防治尿病。

### 小档案

性味：味甘、微苦，性凉。
习性：耐寒抗旱，耐瘠薄，对土壤要求不严，除酸性土壤。
繁殖方式：播种。
采食时间：秋季采挖块茎，夏季采收茎叶。
食用部位：块茎可食，全株入药。

### 食用方法

地下块茎富含淀粉、菊糖等果糖多聚物，可煮食或熬粥，腌制咸菜，晒制菊芋干，或作制取淀粉和酒精原料。花朵可泡茶。

### 分布情况一览

全国各地均有分布。

头状花序数个，生于枝端，舌状花中性，淡黄色，管状花两性，阴云育，花盘黄色、棕色或紫色。

茎直立，上部分枝，被短糙毛或刚毛。

基部叶对生，上部叶互生，叶片卵形至卵状椭圆形。

# 第四章

# 果籽类
## 野菜

　　以植物的果实作为食用部分的野菜较为丰富，如各种豆类和瓜果类野菜。它们大多数是未成熟的果实，这也是区别于水果的一个特征。食用果籽类野菜一般不需要过多处理，大多数野菜的果实都可直接生食。人们常吃的果籽类野菜富含葡萄糖、果糖与蔗糖，以及各种无机盐、维生素等营养物质。这些果实不仅可以鲜食，美味可口，而且还能加工制成果干、果酱、蜜饯、果酒、果汁和果醋等各类食品。在中国民间习用的中药材中，常以枣、茴香、木瓜、柑橘、山楂、杏和龙眼等果实或果实的一部分入药。

# 枸杞

## 滋补肝肾，养肝明目

中医认为，枸杞味甘性平，具有滋补肝肾，益精明目的功效。现代医学研究表明，还能够保肝、降血糖、软化血管、降低血液中的胆固醇、对脂肪肝和糖尿病患者具有一定的疗效。枸杞还能治疗慢性肾衰竭症。

**分布情况一览：**
宁夏、甘肃、新疆、内蒙古、青海。

**适用人群：**
一般人皆可食用。正在感冒发热、身体有炎症、高血压患者慎服。

叶纸质或栽培者质稍厚，单叶互生。

枝条细弱，弓状弯曲或俯垂，淡灰色，有纵条纹。

浆果红色，卵状，可成长矩圆状或长椭圆状，顶端尖或钝。

花在长枝上单生或双生于叶腋，在短枝上同叶簇生。

**营养成分**
（以100g为例）

| | |
|---|---|
| 粗蛋白 | 4.49g |
| 粗脂肪 | 2.33g |
| 碳水化合物 | 9.12g |
| 胡萝卜素 | 96mg |
| 维生素B$_1$ | 0.053mg |

## 食用方法

春季可单服，也可与黄芪煮水喝；夏季宜与菊花、金银花、胖大海和冰糖一起泡水喝，可以消除眼疲劳；秋季宜与雪梨、百合、银耳、山楂等制成羹类食用；冬季宜与桂圆、大枣、山药等搭配煮粥。

## 药典精要

《食疗本草》："坚筋耐老，除风，补益筋骨，能益人，去虚劳，降血压，降血脂，降血糖，降胆固醇。"

《本草述》："疗肝风血虚，眼赤痛痒昏翳。治中风眩晕，虚劳，诸见血证，咳嗽血，痿、厥、挛，消瘅，伤燥，遗精，赤白浊，脚气，鹤膝风。"

**小贴士：**
鲜的枸杞子因产地不同，色泽也有所不同，但颜色柔和，有光泽，肉质饱满；被染色的枸杞子多是陈货，从感观上看肉质较差，无光泽，外表却很鲜亮诱人。

性味：味甘，性平。
习性：喜光照。对土壤
要求不严，耐盐碱、耐肥、
耐旱、怕水渍。
繁殖方式：种子、扦插。
采食时间：春季采嫩叶，
9~11月采果实。
食用部位：嫩叶及果实
可食，果实、叶和根皮
入药。

枸杞 + 决明子 + 菊花　　泡茶饮改善微循环、降低血脂、降低血压。

枸杞 + 河虾　　温补肝肾，助阳益气。

枸杞 + 鲫鱼　　防治动脉硬化，有利减肥。

## 食疗价值

**美容抗衰老**
枸杞可以提高皮肤吸收养分的能力，常吃枸杞可以起到美白作用。枸杞子可对抗自由基过氧化，减轻自由基过氧化损伤，从而有助于延缓衰老，延长寿命。

**预防肿瘤**
枸杞富含类胡萝卜素，类胡萝卜素具有提高人体免疫功能、预防和抑制肿瘤及预防动脉粥样硬化等作用，故常食枸杞可预防肿瘤。

**补肾壮阳**
枸杞子在增强性功能方面具有独特的作用，对于性功能减弱的人来说，多食枸杞，是非常必要的。对于肾虚的人，枸杞无疑是最受欢迎的妙药。

第四章　果籽类野菜

## 人群宜忌

| ☒ 感冒发烧 | ☒ 身体有炎症 | ☒ 腹泻 | ☒ 高血压患者 | ☒ 外感实热 | ☒ 脾虚泄泻者 |
|---|---|---|---|---|---|

## 实用偏方

**妊娠呕吐**
枸杞子、黄芩各50克。置带盖瓷缸内，以沸水冲浸，待温时频频饮服，喝完后可再用沸水冲，以愈为度。

**糖尿病**
枸杞子30克，兔肉250克，加水适量，小火炖熟后加盐调味，取汤饮用。

**肥胖病**
枸杞子30克，每日1剂，当茶冲浸，频服，或早晚各1次。

**慢性萎缩性胃炎**
宁夏枸杞子洗净，烘干打碎分装。每日20克，分2次于空腹时嚼服，2个月为一个疗程。

# 黑枣

## 滋补肝肾，润燥生津

黑枣具有滋补肝肾、润燥生津、延缓衰老、增强机体活力、美容养颜等功效。也可辅助治疗贫血、血小板减少、肝炎、乏力、失眠等症。中医认为黑枣有加强补血的效果，可以暖肠胃、明目活血、利水解毒。

分布情况一览：
河北、山西、山东、陕西、辽宁及西南各地。

适用人群：
一般人群皆可食用。脾胃不好者不可多吃。

花淡黄色或淡红色，单生或簇生叶腋。

叶椭圆形至长圆形，背面灰色或苍白色。

果实近球形，熟时蓝黑色，有白蜡层，近无柄。

## 营养成分

| 蛋白质 | 糖类 |
| --- | --- |
| 有机酸 | 维生素E |
| 钙 | 磷 |

## 食用方法

果实去除涩味洗净后可以直接食用，也可以酿酒、制酱油、制果酱、制醋、制冰糖葫芦、制作蜜饯等。枣叶可以用来炖汤，具有润燥生津的功效。种子可以用来榨油。

## 养生食谱

### 黑枣红豆糯米粥

原料：黑枣、红豆各20克，糯米80克，葱花适量。

制作：1.糯米、红豆均洗净泡发；黑枣洗净。2.锅入水，放入糯米与红豆，大火煮至米粒开花，加入黑枣转小火，同煮至浓稠状，撒上葱花即可。

功效：此粥有利尿消肿、清心养神、健脾益肾等功效。

小贴士：
好的黑枣皮色应乌亮有光，黑里泛出红色，皮色乌黑者为次，色黑带萎者更次。好的黑枣颗大均匀，短壮圆整，顶圆蒂方，皮面皱纹细浅。枣子吃多了会胀气，孕妇如果有腹胀现象就不要吃，可只喝枣汤。

# 沙枣

## 清热消炎，止泻利尿

　　沙枣树皮和果可入药，树皮具有清热凉血，收敛止痛之效。多用于用于慢性气管炎、胃痛、肠炎、白带、烧烫伤、出血等症。其果实具有健脾止泻的功效，可辅助治疗消化不良症。

分布情况一览：
山西、河北、辽宁、黑龙江、山东、河南。

特殊用处：
晚夏时能为园林提供罕见的银白色景观，可作观赏树及背景树。

树皮栗褐色至红褐色，有光泽，具枝刺。

叶具柄，披针形，上面银灰绿色，下面银白色。

果实长圆状椭圆形，直径为1厘米，果肉粉质，果皮早期银白色。

### 食用方法

果熟时采摘，洗净可直接食用，也可以酿酒、制酱油、制果酱、制醋、制冰糖葫芦、制作蜜饯枣糕等。枣叶可以用来炖汤，具有润燥生津的功效。种子可以用来榨油。

**营养成分**
（以100g为例）

| | |
|---|---|
| 水 | 12g |
| 蛋白质 | 4.5g |
| 脂肪 | 4.2g |
| 碳水化合物 | 74.8g |
| 钙 | 46mg |

### 药典精要

《维医药》："果实主治头痛，胃病，热性咳嗽，腹泻，可固精；花主治各种脑部病症，胸痛，气促，哮喘，气憋，肺脓肿，疟疾，脾损，清肝、脾，祛风，健胃，壮阳，可用于关节炎和肌无力。"
《蒙植药志》："果实用于身体虚弱，神志不宁，消化不良，腹泻；树皮治胃痛，泄泻，白带，外用治烫火伤，出血。"

实用偏方：
【妇女白带】沙枣树皮15克，水煎服。
【烧伤、烫伤】树皮120克、黄柏30克，加水1500毫升，煎至300毫升、过滤，用药液喷洒或纱布湿敷创面，每日2次。

第四章　果籽类野菜

# 杨梅

## 和胃止呕，生津止渴

中医认为，杨梅具有止渴、和五脏、涤肠胃、除恶气的功效，将烧成灰服用，可治痢疾。杨梅用盐腌后食用，有去痰止呕吐之效。常含一枚可利咽喉、助五脏下气，饮酒过度、口中干渴、饮食不消、呕逆少食、腹泻或痢疾者宜食。

树皮灰色，老时纵向浅裂，树冠圆球形。

分布情况一览：
华东地区以及湖南、广东、广西、贵州。

特殊用处：
适宜丛植或列植于路边、草坪，或作分隔空间，隐蔽遮挡的绿墙。

雄花序单独或者丛生于叶腋，雌花序常单生于叶腋。

核果球状，外表面具乳头状凸起。

叶革质，无毛，常密集于小枝上端部分。

## 营养成分
（以100g为例）

| | |
|---|---|
| 脂肪 | 0.1g |
| 蛋白质 | 0.8g |
| 膳食纤维 | 0.8g |

## 食用方法

果实成熟后可直接食用，也可泡酒。未成熟的果实有毒，不可食用。杨梅对胃黏膜有一定的刺激作用，溃疡病患者要慎食。食用杨梅后应及时漱口或刷牙，以免损坏牙齿。

## 药典精要

《开宝本草》："去痰止呕，消食下酒。"
《玉楸药解》："酸涩降敛，治心肺烦郁，疗痢疾损伤，止血衄。"
《本经逢原》："杨梅，能止渴除烦，烧灰则断痢，盐藏则止呕哕消酒。但血热火旺人不宜多食，恐动经络之血而致衄也。其性虽热，而能从治热郁，解毒。"
《现代实用中药》："治口腔咽喉炎症。"

小贴士：
杨梅中有一股淡淡的酸味，在吃之前将其在淡盐水中浸泡15分钟左右，以去除其酸味。吃不完的杨梅可以洗净放在冰箱冷藏，但不宜存放太长时间，最好在一两天内吃掉。

# 桑葚

## 补血滋阴，生津止渴

桑葚含有丰富的活性蛋白、维生素、氨基酸、胡萝卜素、矿物质等营养成分，可提高人体免疫力、补血滋阴、生津止渴、润肠祛燥，尤其适宜女性食用，可延缓衰老、美容养颜、益气补血。

分布情况一览：
全国各地均有分布。

适用人群：
适合肝肾阴血不足者，少年发白者，病后体虚、习惯性便秘者。

单叶互生卵形有时分裂托叶早落。

花单性雌雄异株。

树皮灰白色，有条状浅裂，根皮黄棕色或红黄色，纤维性强。

聚花果未成熟时为绿色，渐成长变为白色、红色，成熟后为紫红或紫黑色。

第四章 果籽类野菜

## 营养成分
（以100g为例）

| | |
|---|---|
| 脂肪 | 0.4g |
| 蛋白质 | 1.6g |
| 膳食纤维 | 3.3g |
| 碳水化合物 | 12.9g |
| 核黄素 | 0.05mg |

### 食用方法

桑葚成熟后洗净可直接食用，也可酿酒或熬粥。桑葚的嫩茎叶焯熟后用清水浸泡一会以去除异味，可凉拌，也可与其他菜品一起炒食。树皮炒干后可磨面食用。

### 药典精要

《玉楸药解》："治瘰淋，瘰疬，秃疮。"
《本草求真》："除热养阴，止泻。"
《随息居饮食谱》："滋肝肾，充血液，祛风湿，健步履，息虚风，清虚火。"
《本草拾遗》："利五脏关节，通血气，捣末蜜和为丸。"
《滇南本草》："益肾脏而固精，久服黑发明目。"

实用偏方：
【关节疼痛，麻木不仁及神经痛】鲜黑桑葚60克，水煎服。或桑葚膏，每服5克，以温水和少量黄酒冲服。
【肠燥便秘】桑葚50克，肉苁蓉、黑芝麻各15克，枳实10克，水煎服，每日1剂。

# 无花果

## 消肿解毒，润肺止咳

　　中医认为无花果具有健胃清肠、消肿解毒、润肺止咳的功效。多用于食欲减退、腹泻、乳汁不足等症。其根、叶入药还可治肠炎，腹泻，外用治痈肿。无花果富含营养，对增强机体健康和抗癌能力也有良好作用。

分布情况一览：
长江流域和华北沿海。
适用人群：
消化不良者、食欲不振者、高脂血症患者、高血压患者、冠心病患者、癌症患者适宜食用。

单叶互生，厚膜质，宽卵形或者近球形。

聚花果梨形，熟时呈黑紫色；瘦果卵形，淡棕黄色。

小枝粗壮，托叶包被幼芽，托叶脱落后在枝上留有极为明显的环状托叶痕。

树干皮灰褐色，平滑或有不规则纵裂。

## 食用方法

成熟果实可鲜食或烹饪煮食、煎汤，或加工成各种产品。具有健胃清肠、消肿解毒、润肺止咳的功效。常见食谱有无花果茶、无花果粥、蜜果猪蹄汤等。

### 营养成分
（以100g为例）

| | |
|---|---|
| 膳食纤维 | 9.8g |
| 蛋白质 | 3.30g |
| 脂肪 | 0.93g |
| 糖分 | 47.92g |
| 碳水化合物 | 63.87g |

## 实用偏方

　　【肺癌、胃癌、肠癌】无花果 200 克，蘑菇 100 克。先将无花果切碎，蘑菇切条，一同放入锅内，加花椒、生姜、大蒜和清水炖煮至烂熟，调味后即可食用。
　　【脾胃虚弱、食欲不振】无花果 500 克洗净，放入锅中，压扁，加入白糖腌渍 1 日。再用小火熬至汁液微干，停火待冷，再拌入白糖 250 克，放盘中风干数日即可。

### 小贴士：

无花果叶浓绿厚大，花很小，被枝叶掩盖，不容易被发现。当果子长大时，花已经脱落了，所以人们认为它是"不花而实"。无花果多为夏季开花，秋季结果。

# 山葡萄

## 清热利尿，除烦止渴

　　具有补血强智、健胃生津、除烦消渴、益气强筋、通利小便、滋肾益肝的功效。主治气血虚弱、肺虚咳嗽、心悸盗汗、风湿痹痛、淋症、浮肿等症状，也可用于脾虚气弱、气短乏力、水肿、小便不利等病症的辅助治疗。

**分布情况一览：**
分布于黑龙江、吉林、辽宁、内蒙古等地。

**特殊用处：**
山葡萄配制的葡萄酒，是一种含有极复杂的营养成分的有机液体。

叶互生，阔卵形，先端渐尖，基部心形。

枝条粗壮，嫩枝具柔毛，藤条可长达15米以上，皮暗褐色或红褐色，匍匐或援于其他树木上。

浆果近球形或肾形，由深绿色变蓝黑色，果味酸甜可口，富含浆汁，果期8~9月。

花多数，细小，绿黄色。

第四章　果籽类野菜

**营养成分**

| 维生素 | 蛋白质 |
| --- | --- |
| 灰分 | 粗纤维 |
| 氨基酸 | 矿物质 |
| 粗脂肪 | |

## 食用方法

果实成熟后可采摘直接食用，也可制成干品或酿制酒饮，还可以用来做酒酿葡萄羹、鲜葡萄汁、拔丝葡萄等。

## 药典精要

《朝药志》："山藤藤秧：藤茎及根茎主治太阳人里证，止呕哕，产后腹痛，产后浮肿，肾脏性浮肿，心脏性浮肿，喉头炎。"
《朝药录》："果实强心，利尿，壮筋骨，止渴，润肺止咳，治筋骨湿流，烦热口渴，热淋，小便不利，虚劳咳喘。"
《朝药录》："藤茎及根茎治产后腹痛，产后浮肿，肾性浮肿，心性浮肿等症。"

**实用偏方：**
【慢性肾炎】山葡萄叶粉15克，放鸭蛋白内搅匀，用茶油煎炒；另取山葡萄枝30克煎汤，以一部分代茶，与上述炒蛋白配合内服。另一部分洗擦皮肤。

# 酸浆

## 清热利湿，舒肝明目

　　酸浆性寒凉味酸，中医认为，其果具有清热解毒、利尿降压、强心抑菌的功效，可用来辅助治疗肝气不舒、肝炎、坏血病、热咳、咽痛、喑哑、小便不利和水肿等病。孕妇禁用，凡脾虚泄泻及痰湿慎时。

分布情况一览：
全国各地均有野生。

特殊用处：
生长势强，常作切花、多年生花坛，供观赏用。繁殖生长速度快，适合庭院栽培。

花白色，单生于叶腋，花萼绿色，钟形。

浆果圆球形，成熟时呈橙红色，宿存花萼在结果时增大，橙红色或深红色，无毛，疏松地包围在浆果外面。

茎常不分枝，幼茎被有较密的柔毛。根状茎白色，横卧地下，多分枝，节部有不定根。

### 食用方法

成熟的果实可以直接食用，特别是霜后采收，更是口味宜人。一些地区已将其作为水果上市销售。果实也可以糖渍、醋渍或做成果浆，香味浓郁，味道鲜美。

### 营养成分

| 钙 | 灰分 |
| --- | --- |
| 粗脂肪 | 钾 |
| 氨基酸 | 磷 |
| 维生素 | 钠 |
| 无机元素 | |

### 药典精要

　　《嘉祐本草》："主腹内热结，目黄，不下食，大小便涩，骨热咳嗽，多睡劳乏，呕逆痰壅，痃癖痞满，小儿疬子寒热，大腹，杀虫，落胎，并煮汁服，亦生捣绞汁服。"
　　《汪连仕采药书》"清火，消郁结，治疝。敷一切疮肿，专治锁缠喉风。治金疮肿毒，止血崩，煎酒服。"

实用偏方：
【热咳咽痛】酸浆，为末，水煎服，仍以醋调敷喉外。
【喉疮并痛、咳嗽痰多】酸浆，炒焦为末，酒调，敷喉中。
【诸般疮肿】酸浆不以多少，晒干，为细末，冷水凋少许，软贴患处。

# 山楂

## 消食化滞，软化血管

中医认为，山楂味酸甘性微温。具有健脾开胃、消食化滞、活血化痰的功效，对肉积痰饮、痞满吞酸、泻痢肠风、腰痛疝气、恶露不尽、小儿乳食停滞等均有疗效。山楂所含的黄酮类化合物牡荆素，可起到抗癌作用。

分布情况一览：
河南、河北、辽宁、山西、北京、天津。
适用人群：
尤适宜高血压、冠心病患者。孕妇禁食，以免促进宫缩，诱发流产。

复伞房花序，花序梗、花柄都有长柔毛，花白色，有独特气味。

叶片三角状卵形至棱状卵形，基部截形或宽楔形。

梨果是深红色，较小，近球形。

枝密生，有细刺，幼枝有柔毛。小枝紫褐色，老枝灰褐色。

### 第四章　果籽类野菜

## 营养成分
（以100g为例）

| | |
|---|---|
| 脂肪 | 0.6g |
| 蛋白质 | 0.5g |
| 碳水化合物 | 22g |
| 热量 | 98kcal |

## 食用方法

果实可直接食用，对消肉食积滞作用更好，还可软化血管。也可制成山楂酒、山楂果茶，煮粥、炖汤，夏季也可制成饮料。山楂不宜与海鲜、人参、柠檬、猪肝同食。

## 药典精要

《医学衷中参西录》："山楂，若以甘药佐之，化淤血而不伤新血，开郁气而不伤正气，其性尤和平也。"
《唐本草》："汁服主利，洗头及身上疮痒，消炎解毒。"
《日用本草》："化食积，行结气，健胃宽膈，消血痞气块。"

实用偏方：
【妇女寒邪】山楂10克、肉桂6克加红糖，可制成桂皮山楂煎汤。
【恶露不尽】山楂60克，打碎，加水煎汤，红糖调味。空腹温服。
【高血压、冠心病】山楂片、丹参各10克，加麦冬5克，制成参果。

# 番石榴

## 收敛止泻，消炎止血

　　中医认为番石榴具有收敛止泻、止血、止痒的功效。其叶、果入药可治急、慢性肠炎，痢疾，小儿消化不良等症。其鲜叶捣烂外用可治疗跌打损伤、外伤出血、臁疮久不愈合等症状。临床多用来辅助治疗普通感冒病、高血压症等。

**分布情况一览：**
台湾、海南、广东、广西、福建、江西。

**适用人群：**
尤适宜高血压、糖尿病、肥胖症及肠胃功能不佳者。

没有直立主干，根系发达。树皮平滑，灰色，片状剥落；嫩枝有棱，被毛。

单叶对生，叶背有绒毛并中肋侧脉隆起，叶片革质，长圆形至椭圆形。

浆果球形、卵圆形或梨形，顶端有宿存萼片，果肉白色或者黄色，胎座肥大，肉质。

### 食用方法

方便生食，鲜果洗净即可食用。还可以榨汁，加工成果浆、果脯、果粉、浓缩浆、果冻等。儿童及有便秘习惯或有内热的人不宜多吃。因为番石榴具有收敛止泻作用，肝热的人应慎防便秘。

**营养成分**
（以100g为例）

| 维生素C | 68g |
|---|---|
| 磷 | 16mg |
| 钙 | 13mg |
| 镁 | 10mg |
| 碳水化合物 | 14.2mg |

### 实用偏方

【轻度糖尿病】每日三餐后各饮1~3杯番石榴汁；或用番石榴干果、苦瓜加水煎服，每日1~2次。

【痢疾、肠炎】每日吃番石榴鲜果两个，或用鲜榴叶100克水煎，日服2次。

【胃酸过多、胃痛】番石榴果50克，焙干研细末，饭后每服15克，每日3次。

**小贴士：**
番石榴肉质细嫩、清脆香甜、常吃不腻，是养颜美容的最佳水果。可防治高血压、糖尿病，对于肥胖症及肠胃不佳之患者，是最为理想之食用水果。番石榴的叶片和幼果切片晒干泡茶喝，可辅助治疗糖尿病。

# 鸡头米

## 补中益气，开胃补肾

　　鸡米头味甘性平，具有补中益气、提神强志、止烦渴、除虚热等功效，主治风湿性关节炎、腰背膝痛、小便频繁、遗精、脓性白带等症。长期食用可使人发黑目明、身轻体健、肌肤富有光。

分布情况一览：

黑龙江、吉林、辽宁、河北、河南、山东、江苏、安徽等地。

人群宜忌：

遗精、小儿遗尿、哮喘患者宜食。

花单生，较大，着生于花托上部边缘，外表绿色。

果实为花托包被的假果。种子呈圆形，较大。

短缩茎，节间密集，成长后形成倒圆锥形，根茎内有许多小气道，与茎叶中的气道相通。

叶的形状和大小随生育期的不同而变化。

### 营养成分
（以100g为例）

| 蛋白质 | 4.4g |
| --- | --- |
| 脂肪 | 0.2g |
| 粗纤维 | 0.4g |
| 灰分 | 0.5g |

## 食用方法

洗净后可以直接咀嚼食用，也可以与其他原料配伍，熬成各种风味的粥，如桂花鸡头糖粥等。炒后性偏温，气香，增强补脾和固涩作用。清炒鸡头米和麸炒鸡头米功用相似。

## 药典精要

《本草纲目》："主治湿痹、腰脊膝痛、补中、除暴疾、益精气强志、令耳目聪明、开胃助气、止渴。"

《本草经百种录》："脾恶湿而肾恶燥，鸡头实淡渗甘香，则不伤于湿，质粘味涩，而又滑泽肥润，则不伤干燥，凡脾肾之药，往往相反，而此则相成，故尤足贵也。"

实用偏方：

【治疗遗精】锁阳、芡实各30克，沙苑蒺藜、莲须各25克，金樱子28克，煅龙骨、煅牡蛎各20克，知母、黄柏各15克，用水适量煎煮后，滤渣，取药汁饮服。

第四章 果籽类野菜

# 薏苡

## 健脾利胃，预防癌症

中医认为薏苡具有利水、健脾、除痹、清热排脓的功效，能利水除湿，缓和拘挛。多用于脾虚泄泻水肿脚气、白带、湿、关节疼痛、肠痈、肺痿等症。还可用于胃癌、子宫颈癌、绒毛膜上皮癌等癌症以及多发性疣。

**分布情况一览：**
全国各地均有分布。

**适用人群：**
一般人群皆可食用，对于久病体虚及病后恢复期的患者来说，是一味价廉物美的营养品。

种皮红色或淡黄色，种仁卵形。

秆直立丛生，高1~2米，具10多节，节多分枝。

叶互生，呈纵列排列，叶鞘光滑，与叶片间具白色薄膜状的叶舌，叶片长披针形。

颖果成熟时，外面的总苞坚硬，呈椭圆形。

## 食用方法

薏苡的种仁即薏米，比较难煮熟，在煮之前先放入温水中浸泡2~3小时，使其充分吸收水分，之后再煮比较容易熟。可与其他米类一同煮粥、做汤。薏米的叶，可以煎茶饮用，既清香，味也醇美。

**营养成分**
（以100g为例）

| 镁 | 88mg |
|---|---|
| 钙 | 42mg |
| 钾 | 357mg |
| 磷 | 238mg |
| 蛋白质 | 12.8mg |

## 药典精要

《本草经疏》："有健胃、强筋骨、去风湿、消水肿、清肺热等功能，适于治疗脾胃虚弱、肺结核及风湿疼、关节疼痛、小便不利等症。"
《独行方》："郁李仁60克，研烂，用水滤取药汁；薏苡仁200克，用郁李仁汁煮成饭，分2次食。能利水消肿。"

**实用偏方：**
【水肿、风湿、痹痛】薏苡仁研为粗末，与粳米等分。加水煮稀粥，每日1~2次，连服数日。
【小便不利、喘息、胸闷】郁李仁60克，研烂，用水滤取药汁；薏苡仁200克，用郁李仁汁煮成饭。分2次食。

# 东北茶藨子

## 清热解表，防治感冒

中医认为，东北茶藨子果实入药，味酸，性温，入肺经，具有清热解表、预防维生素缺乏的功效，还可预防和治疗感冒。由于果实含有维生素 C 及果胶酶，加工成保健食品，可防治坏血病和多种疾病。

**小档案**

性味：味酸，性温。
习性：生于山坡或山谷针、阔叶混交林下或杂木林内。
繁殖方式：播种、分株、压条、扦插。
采食时间：秋季。
食用部位：果肉。

**食用方法**

采摘后，可直接食用。果肉可制作果浆或造酒，种子可榨油。果实味酸多汁，具有较高的药用价值。

**分布情况一览**

黑龙江、吉林、辽宁、内蒙古、河北、山西、陕西、甘肃。

果实球形，红色无毛，味酸可食。

叶宽大，基部心脏形，幼时两面被灰白色平贴短柔毛，下面甚密，边缘具不整齐粗锐锯齿或重锯齿。

小枝灰色或褐灰色，皮纵向或长条状剥落，嫩枝褐色，具短柔毛或近无毛，无刺。

# 野大豆

## 解毒透疹，养肝理脾

野大豆全草入药具有健脾益肾的功效，主治自汗、盗汗、风痹多汗。其种子味甘性温，具有平肝明目、强筋健骨的功效，主治头晕、目昏、肾虚腰痛、筋骨疼痛、小儿消化不良。还可用于肺脓肿、咯血、肾热、毒热、创伤的食疗。

**小档案**

性味：味甘，性温。
习性：喜水耐湿，耐盐碱性，抗寒性
繁殖方式：种子。
采食时间：秋季采收全草，果实成熟时，采收种子。
食用部位：种子可食。

**饮食宜忌**

幼儿、尿毒症患者忌食，对黄豆有过敏体质者不宜多食。

**食用方法**

剥去荚果里的豆子煮食，或者磨面食用。

**分布情况一览**

除新疆、青海和海南外，遍布全国。

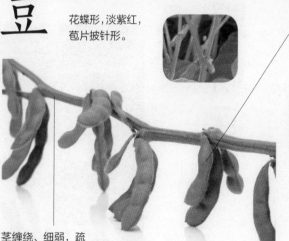

花蝶形，淡紫红色，苞片披针形。

荚果狭长圆形或镰刀形，两侧稍扁。

羽状复叶卵圆形、卵状椭圆形或卵状披针形。

茎缠绕、细弱，疏生黄褐色长硬毛。

# 蛇莓

### 清热解毒，凉血消肿

　　蛇莓全草都可入药，具有清热解毒、散淤消肿的功效。内服常用于感冒发热、咳嗽、小儿高热惊风、咽喉肿痛、白喉、黄疸型肝炎、细菌性痢疾、月经过多等症。外用可治毒蛇咬伤、疔疮、湿疹等。

## 小档案

性味：味酸，性微寒。

习性 喜光，耐寒耐旱，耐阴耐湿，又耐贫瘠不择土，具有很强的野生性。

繁殖方式：种子。

采食时间：夏季采果，夏秋季采收全草。

食用部位：果实可食，全草入药。

## 食用方法

采摘其成熟的红色果实，直接食用。

## 分布情况一览

辽宁、河北、河南、江苏、安徽、湖北、湖南、四川、重庆、贵州、山东、陕西。

果实海绵质，鲜红色，有光泽，直径10~20毫米，外面有长柔毛。

茎细长，匍状，节节生根。

三出复叶互生，小叶菱状卵形。

# 救荒野豌豆

### 清热利湿，和血祛淤

　　中医认为，野豌豆味甘性寒，具有清热利湿、和血祛淤的功效，主治黄疸、疟疾、鼻衄、心悸、梦遗、月经不调等病症。常用来辅助治疗通大便、截疟、小便不利、水肿、衄血、疟疾等症。

## 小档案

性味：味甘，性寒。

习性：性喜温凉气候，抗寒能力强。

繁殖方式：种子。

采食时间：5~6月采荚果，夏季采全草。

食用部位：荚果可食，全草入药。

## 饮食宜忌

种子中含有生物碱和氢甙，食用过量能使人畜中毒。

## 食用方法

嫩荚果煮食，或等到荚果完全成熟后，剥取豆子煮粥或磨面。

## 分布情况一览

全国各地均有分布。

含种子5~12粒，种子扁圆或钝圆。

蝶形花紫红、粉红或白色，花梗极短或无，成熟时为黄色或褐色。

# 黄秋葵

## 清热解毒，凉血消肿

黄秋葵全株都可入药，对恶疮、痈疖均有疗效，其所含的锌和硒等微量元素，能够增强人体的防癌、抗癌能力。黄秋葵的幼果中含有一种黏性物质，可助消化，辅助治疗胃炎、胃溃疡，并保护肝脏及增强人体耐力。

### 小档案

性味：味苦，性寒。

习性：喜温暖、怕严寒，耐热力强。

繁殖方式：种子。

采食时间：春夏。

食用部位：幼果。

### 饮食宜忌

胃肠虚寒、经常腹泻者不可多食。

### 食用方法

可凉拌、热炒、油炸、炖食等，在凉拌和炒食之前必须在沸水中烫三五分钟以去涩。

### 分布情况一览

全国各地均有分布。

叶互生，叶身有茸毛或刚毛，叶柄细长，中空。

花大而黄，着生于叶腋。

果为蒴果，嫩果有绿色和紫红色。

茎赤绿色，圆柱形，基部节间较短。

---

# 野燕麦

## 固表止汗，用于血崩

中医认为，野燕麦可全株入药，味甘性温，具有温中养胃、补虚损、助五脏的功效。燕麦子具有湿补作用，可辅助治疗虚汗不止。多用于吐血、血崩、白带、便血、自汗、盗汗等症。

### 小档案

性味：味甘，性温。

习性：生命力强，喜潮湿，多发生在耕地、沟渠边和路旁，是小麦的伴生杂草。

繁殖方式：种子。

采食时间：春夏采集种子。

食用部位：种子可食，全草入药。

### 饮食宜忌

一般人群皆可食用，但不可多食。

### 食用方法

种子去皮后可以磨成面，制成饼等食品。

### 分布情况一览

全国各地均有分布。

秆直立，光滑无毛，高60~120厘米，具2~4节。

果实全体呈飞燕状，种子长圆形，两端略尖，表面浅黄棕色。

# 软枣猕猴桃

### 祛痰解烦，清热利尿

中医认为，软枣猕猴桃果味甘、性寒，有止泻、解烦热、利尿的功效。主治热病口渴心烦、小便不利等症。将其打成果汁饮用还有祛痰作用。其根味淡、微涩，有健胃、清热、利湿之功效，可治消化不良、呕吐、腹泻、黄疸等症。

### 小档案

性味：味甘，性寒。

习性：喜凉爽、湿润的气候。

繁殖方式：扦插。

采食时间：9~10月。

食用部位：果实。

### 食用方法

果实可食用，可加工成果酱、果汁、果脯、罐头、酿酒或用于制作糕点、糖果等多种食品。叶可制成保健茶，营养丰富，风味独特。

### 分布情况一览

黑龙江、吉林、山东，以及华北、西北以及长江流域各省区。

浆果球形至长圆形，两端稍扁平。

叶片卵圆形、椭圆形或长圆形。

---

# 狗枣猕猴桃

### 滋补强壮，预防癌症

狗枣猕猴桃具有滋补强壮的功效，其药用价值很高，是强壮、解热及收敛剂。并具有调节人体血液中ph的作用，能使血液保持鲜红，增加其输送氧气、营养物质的功能。对胃癌、食管癌、风湿、黄疸有预防和治疗作用。

### 小档案

性味：味酸，性平。

习性：喜暖温带气候，向阳性。

繁殖方式：扦插。

采食时间：秋季采集，晒干。

食用部位：浆果。

### 饮食宜忌

狗枣猕猴桃性寒，故脾胃虚寒、食少、纳呆者应慎食。

### 食用方法

果实可食，鲜用或晒干备用，也可酿酒及入药。

### 分布情况一览

黑龙江、吉林及华北、华中、华南。

叶互生，具褐色毛，叶片膜质至薄纸质，卵形至长圆形。

浆果长圆形，稀球形或扁圆形。

# 鸡蛋果

## 清热止咳，安神镇痛

　　鸡蛋果微苦、性温，具有除风清热、止咳化痰、麻醉镇静、安神宁心、和血止痛的功效，用于神经痛、月经痛、下痢、风热头昏、鼻塞流涕、心血不足之虚烦不眠、心悸怔忡等症。果可生食。入药具有兴奋、强壮之效。

### 小档案

性味：味苦，性温。

习性：喜光，喜温暖至高温湿润的气候，不耐寒。

繁殖方式：扦插。

采食时间：夏秋采收。

食用部位：果实。

### 食用方法

剖开，用调羹挖出瓤包直接食用。子可食用，富含蛋白质，也可以制作果汁，用榨汁机搅拌机秒，效果更好。

### 分布情况一览

云南、福建、广东、广西、海南、江西、四川、重庆。

茎圆柱形并微有棱角，无毛。

叶纸质，基部心形，裂片卵状长圆形。

浆果卵圆球形至近圆球形，熟时橙黄色或黄色。

# 苦荞麦

## 通便润肠，预防肿瘤

　　中医认为苦荞麦具有温补五脏、消炎止咳、祛痰平喘、延缓衰老、开胃健脾、通便润肠的功效，可以辅助治疗慢性泄泻、胃炎等症，对胃酸过多有抑制作用。并预防和治疗肿瘤、心脑血管疾病。

### 小档案

性味：味苦，性平。

习性：适应性较强，喜温暖气候。

繁殖方式：种子、根茎或扦插。

采食时间：春季。

食用部位：嫩茎叶、种子。

### 食用方法

胃寒患者用苦荞米和大米1:2（即苦荞1份大米2份）煮粥食，对促进胃部的血液循环有好处。

### 分布情况一览

东北以及内蒙古、河北、山西、陕西、甘肃、青海、四川、云南。

总状花序腋生或项生，花被白色或淡粉红色。

下部叶具长柄，叶片宽三角状戟形，下部叶较小。

茎直立，具分枝。

# 酸枣

## 养心安神，镇静催眠

酸枣入药具有养心安神、敛汗的功效，可用于辅助治疗神经衰弱、失眠、多梦、盗汗等症。其叶中所提取的酸叶酮对冠心病有较好的疗效。酸枣仁有镇静、催眠作用，还有持续降低血压的作用，对子宫有兴奋作用。

### 小档案

性味: 味酸，性平。
习性: 喜欢温暖干燥的环境，耐碱、耐寒、耐旱、耐瘠薄。
繁殖方式 种子育苗、分株、嫁接。
采食时间: 8、9月份。
食用部位 果实可食，果实种子可入药。

### 食用方法

可直接食用，也可加工成饮料或食品，如酸枣汁、酸枣粉、酸枣酒等。

### 分布情况一览

辽宁、河北、山西、山东、安徽、河南、湖北、甘肃、陕西。

叶片椭圆形至卵状披针形，边缘有细锯齿。

核果小，熟时红褐，近球形或长圆形。

小枝称之字形弯曲，紫褐色，托叶刺有2种，一种直伸，另一种常弯曲。

# 毛樱桃

## 补中益气，健脾祛湿

中医认为，毛樱桃具有健脾清肺、益气固精、利咽止咳的功效，内服可主治食积泻痢、消化不良、便秘、脚气、遗精滑泄、病后体虚、倦怠少食、贫血等。外用可治冻疮、汗斑。毛樱桃含铁量较高，可益气补血。

### 小档案

性味: 味甘酸，性温。
习性: 耐阴、耐寒、耐旱，也耐高温。
繁殖方式: 分株繁殖、嫁接繁殖。
采食时间: 6~9月果实成熟时采摘。
食用部位: 果实。

### 饮食宜忌

消化不良者、瘫痪、风湿腰腿痛者、体质虚弱者适宜食用。

### 食用方法

采摘成熟的果实直接食用，还可制成果汁、果浆或放到点心中。

### 分布情况一览

全国各地均有分布。

核果圆或长圆，鲜红或乳白，味甜酸。

叶片卵状椭圆形或倒卵状椭圆形，基部楔形，边有急尖或粗锐锯齿。

茎径有直立型、开张型两类，为多枝干形。

# 野核桃

## 清热止咳，润肺补肾

野核桃主治虚痨咳嗽、下肢酸痛、腰腿痛。其果、根和茎皮，主治骨折、身弱体虚、腰痛、治虚寒咳嗽、下肢酸痛、皮肤疥癣、冻疮、腋臭。野核桃含有丰富的 B 族维生素、维生素 E，可防止细胞老化，能增强记忆力及延缓衰老。

### 小档案

性味：味甘，性平。
习性：喜光，耐寒。
繁殖方式：种子繁殖、嫁接繁殖。
采食时间：8~10月。
食用部位：果实。

### 饮食宜忌

腹泻、阴虚火旺、痰热咳嗽、便溏腹泻、素有内热盛及痰湿重者忌服。

### 食用方法

果实可直接食用，也可炒食、榨油。

### 分布情况一览

江苏、江西、浙江、四川、贵州、甘肃。

果实卵形或卵圆状，外果皮密被腺毛，顶端尖。

乔木或有时呈灌木状，高达12~25米，胸径达1~1.5米；幼枝灰绿色。

奇数羽状复叶，叶柄及叶轴均被毛。

# 欧李

## 润肠通便，利尿消肿

中医认为，欧李性平，味辛、苦，果肉可食，种仁入药，作郁李仁，具有润肠通便、利尿消肿、缓泻的功效，用于肠燥便秘、小便不利、腹满喘促、脚气、浮肿。欧李的根在民间偏方中用来治疗静脉曲张和脉管炎。

### 小档案

性味：味辛苦，性平。
习性：喜较湿润环境，耐严寒。
繁殖方式：种子、分根、压条。
采食时间：夏、秋季采收成熟果实。
食用部位：果实。

### 饮食宜忌

脾虚泄泻者及怀孕女性慎食。

### 食用方法

可以鲜食，也可以将果实制成果汁、果酒、果奶、果醋、果脯等。

### 分布情况一览

吉林、辽宁、内蒙古、河北、山东、河南。

落叶灌木，高1.5米左右，小枝呈灰褐色或棕褐色，被短柔毛。

叶片倒卵状长椭圆形或倒卵状披针形，边缘具有浅细锯齿。

核果成熟后近球形，直径约1.5厘米，红色或紫红色。

# 沙棘

## 祛痰止咳，防心脏病

沙棘果具祛痰、止咳、平喘的功效，对慢性气管炎、十二指肠溃疡、消化不良、慢性浅表性胃炎、萎缩性胃炎、结肠炎等病症均有一定的疗效，还有降低胆固醇、防治冠状动脉粥样硬化性心脏病的作用。

### 小档案

性味：味酸涩，性温。
习性：中肥、中湿型、耐寒冷，对光照有强烈要求。
繁殖方式：播种、扦插、压条、分蘖。
采食时间：9~10月。
食用部位：果实。

### 食用方法

果实可鲜食，还可加工成果汁、果酒、果奶、果醋、果脯、果浆、罐头、饮料。

### 分布情况一览

陕西、内蒙古、河北、甘肃、宁夏、辽宁、青海、四川、云南、贵州、新疆、西藏。

单叶对生，狭披针形或者是长圆状披针形。

果实圆球形，橙黄色或橘红色。

嫩枝褐绿色，老枝灰黑色。

# 构树果

## 补肾清肝，明目利尿

构树全株都可入药，其子具有补肾、强筋骨、明目、利尿的功效。主治腰膝酸软、肾虚目昏、阳痿、水肿等症。叶子有清热凉血、利湿杀虫的功效。常用于辅助治疗鼻衄、肠炎、痢疾等症。树皮具有利尿消肿、祛风湿之效。

### 小档案

性味：味甘，性寒。
习性：强阳性树种，适应性特强，抗逆性强。根系浅，侧根分布很广，生长快，萌芽力和分蘖力强。
繁殖方式：分株。
采食时间：夏秋采乳液、叶、果实及种子，冬春采根皮、树皮。
食用部位：乳液、根皮、树皮、叶、果实及种子入药。

### 食用方法

构树果酸甜，可直接食用。

### 分布情况一览

黄河、长江和珠江流域地区。

椹果球形，熟时橙红色或鲜红色。

单叶互生，有时近对生，叶卵圆至阔卵形。

树皮平滑，浅灰色或灰褐色，不易裂。

# 褐梨

## 消食止痢，治疗溃疡

　　褐梨味甘微酸、性寒，具有清热生津、润燥化痰、消食止痢的功效，治腹泻。枝叶治霍乱、吐泻不止、转筋腰痛、反胃吐食。树皮煎水治皮肤溃疡。梨籽含有木质素，是一种不可溶纤维，可治便秘。

小枝幼时具白色绒毛，二年生枝条紫褐色，无毛。

叶片椭圆卵形至长卵形，叶柄微被柔毛或近于无毛。

果实球形或卵形，褐色，有斑点。

# 文冠果

## 祛风除湿，消肿止痛

　　文冠果具有帮助消化、祛风除湿、消肿止痛的功效，主治风湿热痹、筋骨疼痛等症，可用于风湿性关节炎。还能解暑气，也具有生津止渴的作用，在夏天燥热的时候可以吃文冠果，既可以防暑还能止咳，也可以补充人体的水分。

小枝粗壮，褐红色，无毛。

奇数羽状复叶，披针形或近卵形。

蒴果近球形或阔椭圆形，有三棱角。

# 第五章

# 幼苗类
# 野菜

幼苗是种子发芽后生长初期的幼小植物体，分为子叶出土的幼苗和子叶留土的幼苗。食用幼苗类野菜，有的种类可直接烹调后食用，有的则需要在沸水中煮几分钟后，用清水漂洗，以去除苦味和涩味。

# 蚕豆

## 健脾利湿，补中益气

中医认为，蚕豆具有补中益气、健脾和胃、清热利湿、止血降压、涩精止带等功效。用其嫩果煮成稀饭可健脾和胃、润肠通便，习惯性便秘患者最宜食用。蚕豆的茎克止血、止泻，叶可收敛止血。

**分布情况一览：**
四川、云南、湖南、湖北、江苏、浙江、青海。

**适用人群：**
脑力工作者、胆固醇偏高者、便秘者。

偶数羽状复叶，叶轴顶端卷须短缩为短尖头，托叶戟头形或近三角状卵形，略有锯齿，具深紫色蜜腺点。

总状花序腋生，花梗近无，花冠蝶形，白色，具红紫色斑纹，旗瓣倒卵形。

茎粗壮，直立，直径0.7~1厘米，具四棱，中空、无毛。

种子长方圆形，近长方形，中间内凹，种皮革质，青绿色，灰绿色至棕褐色，稀紫色或黑色。

**营养成分**
（以100g为例）

| | |
|---|---|
| 蛋白质 | 21.60g |
| 脂肪 | 1.00g |
| 碳水化合物 | 59.80g |
| 膳食纤维 | 3.10g |
| 硫胺素 | 0.37mg |
| 维生素B$_2$ | 0.10mg |

## 食用方法

春季采集幼苗，用沸水焯熟后可凉拌，也可炒食。果实可煮、炒、油炸，也可浸泡后剥去种皮做炒菜或汤。蚕豆可蒸熟加工制成罐头食品，还可制酱油、豆瓣酱、甜酱、辣酱等。又可以制成各种小食品。

## 实用偏方

【水胀】蚕豆250克，炖黄牛肉服。不可与菠菜同用。

【秃疮】鲜蚕豆捣泥，涂疮上，干即换之。如无鲜者，用干豆以水泡胖，捣敷亦效。

【治吐血鼻血、妇女白带】蚕豆花阴干研末，每次10克，用开水冲服。

【小便日久不通，难忍欲死】蚕豆壳150克，煎汤服之。如无鲜壳，取干壳代之。

**小贴士：**
蚕豆晒干后，用干砂或谷糠等拌和，再进行密闭低温储藏，此方法可使蚕豆处在干燥、低温、黑暗和隔离外部空气的条件下，有防止豆粒变色和抑制害虫发生的作用。

# 扁豆

## 健脾和中，消暑化湿

　　中医认为，便都具有消除暑热、温暖脾胃、除去湿热、止消渴的功效。经常服食，可使头发不白，煮熟后嚼吃和煮汁喝，可解一切草木之毒。并辅助治疗女子白带过多、呕吐、酒精中毒、河豚中毒。

**分布情况一览：**
山西、陕西、甘肃、河北、河南、云南。

**适用人群：**
一般人群均可食用，特别适宜脾虚便溏、饮食减少、慢性久泄者。

荚果长圆状镰形，近顶端最阔，直或稍向背弯曲，顶端有弯曲的尖喙，基部渐狭。

总状花序腋，花冠白色或紫红色，花柱近顶端有白色髯毛。

顶生小叶菱状广卵形，顶端短尖或渐尖，基部宽楔形或近截形，两面沿叶脉处有白色短柔毛。

多年生缠绕藤本植物，全株几无毛，茎长可达6米，常呈淡紫色。

## 食用方法

春季采集幼苗，用沸水焯熟后可凉拌，也可炒食。果实烹调前应用冷水浸泡（或用沸水稍烫）再炒食。白扁如生食或炒不熟就吃，在食后3~4小时会引起中毒反应。成熟豆粒可以煮食或制作成豆沙馅。

**营养成分**
（以100g为例）

| | |
|---|---|
| 蛋白质 | 2.70g |
| 脂肪 | 0.20g |
| 碳水化合物 | 8.20g |
| 膳食纤维 | 2.10g |
| 硫胺素 | 0.04mg |
| 维生素B$_2$ | 0.07mg |

## 药典精要

《本草图经》："主行风气，女子带下，兼杀酒毒，亦解河豚毒。"
《滇南本草》："治脾胃虚弱，反胃冷吐，久泻不止，食积痞块，小儿疳疾。"
《纲目》："止泄泻，消暑，暖脾胃，除湿热，止消渴。"
《会约医镜》："生用清暑养胃，炒用健脾止泻。疗霍乱吐痢不止，末，和醋服之。"

**实用偏方：**
【消渴饮水】白扁豆浸泡去皮，为末，以天花粉汁同蜜和丸梧子大。每服25丸，天花粉汁下。
【水肿】扁豆炒黄后磨粉。饭前服，成人15克，小儿5克，灯芯汤调服。

第五章　幼苗类野菜

# 竹笋

## 滋阴凉血，和中润肠

中医认为，竹笋具有开胃健脾、宽肠利膈、通肠排便、滋阴凉血、清热化痰、解渴除烦、利尿通便、解毒透疹、养肝明目的功效，可作为食欲不振、胃口不开、脘痞胸闷、大便秘结、痰涎壅滞、酒醉恶心等症食疗。

**分布情况一览：**
江西、浙江、广东、福建、台湾。

**适用人群：**
一般人群均可食用，肥胖和习惯性便秘的人尤为适合。

竹竿上的叶无柄，批针形。

竹为禾本科多年生木质化植物。

食用部分为初生、嫩肥、短壮的芽或鞭。

地下茎入土较深，竹鞭和笋芽借土层保护。

**营养成分**
（以100g为例）

| 蛋白质 | 2.60g |
|---|---|
| 脂肪 | 0.20g |
| 碳水化合物 | 3.60g |
| 膳食纤维 | 1.80g |
| 硫胺素 | 0.08mg |
| 维生素B$_2$ | 0.08mg |

## 食用方法

竹笋可以干烧，也可以直接凉拌、煎炒、熬汤、煮粥等，还可以将竹笋晾干或烘干而制成笋干，用来煮汤或烧肉。

### 养生食谱

**山药青豆竹笋粥**

原料：大米100克，鲜山药25克，竹笋20克，青豆、盐、味精适量。

制作：1.山药去皮洗净切块；竹笋洗净切片；青豆、大米淘净泡发。2.锅入水，放入大米煮沸，放入山药、竹笋、青豆煮至粥成，调入盐、味精入味即可。

功效：此粥有补脾养胃、生津益肺之效。

**小贴士：**
选购春笋以质地鲜嫩，黄色或白色为佳；毛笋以色白，细嫩为佳；行边笋以质嫩、色嫩的为佳；冬笋以黄中略显白的为好。可在竹笋上划刀，涂上盐冷藏，口感更好。

# 荠菜

## 凉血止血，利尿除湿

　　荠菜全株都可入药，嫩茎叶具有和脾、利水、止血、明目的功效，可作为产后出血、痢疾、水肿、肠炎、胃溃疡、感冒发热、目赤肿疼等症食疗。其花与籽有止血之效，辅助治疗血尿、肾炎、高血压、咯血、痢疾等症。

**分布情况一览：**
全国各地均有分布。

**适用人群：**
一般人群皆可食用，荠菜可宽肠通便，故便溏者慎食，体质虚寒者不能食用。

总状花序顶生或腋生，花瓣白色，呈圆形至卵形，先端渐尖，浅裂或具有不规则粗锯齿。

角果扁平，倒卵状三角形或者是倒心状三角形。

叶丛生，呈莲座状，叶片大头羽状分裂，一般是卵形至长卵形。

一年或二年生草本，高20~50厘米。茎直立，单一或基部分枝。

**营养成分**
（以100g为例）

| 碳水化合物 | 6g |
| --- | --- |
| 蛋白质 | 5.3g |
| 脂肪 | 0.4g |
| 磷 | 73mg |
| 钙 | 420mg |

## 食用方法

嫩叶洗净后在沸水中焯熟，用清水浸泡后可炒食、凉拌，作菜馅、菜羹，也可以与肉一起做馅，或涮火锅。食用方法多样，风味特殊，口味鲜美。

第五章　幼苗类野菜

## 药典精要

《现代实用中药》："止血。治肺出血，子宫出血，流产出血，月经过多，头痛、目痛或视网膜出血。"
《药性论》："烧灰（服），能治赤白痢。"
《湖南药物志》："荠菜50克，蜜枣50克，水煎服。可治内伤吐血。"
《广西中草药》："荠菜100克。水煎服。可治痢疾。"

**实用偏方：**
【眼生翳膜】荠菜清洗洗净，焙干，碾为末，细研，临睡前，先净洗眼睛，挑半米大小，放在两边眼角处，涩痛属于正常。

# 龙牙草

## 强心止血，止痢消炎

中医认为，龙牙草具有强心、健体、止痢及消炎等功效，其提取的仙鹤草素可止血，多用于治疗脱力劳乏、月经不调、红崩白带、胃寒腹痛、赤白痢疾、吐血、咯血、肠风、尿血、子宫出血、十二指肠出血等症。

**分布情况一览：**
全国各地均有分布。

**特殊用处：**
除其幼苗可做菜肴，全草长成时可作饲料用，青草期马、羊少量采食。

总状花序顶生或腋生，花小，黄色。

瘦果圆锥形，萼裂片宿存。

单数羽状复叶互生，呈卵圆形至倒卵形，托叶呈卵形。

根茎横走圆柱形，茎直立。

**营养成分**
（以100g为例）

| | |
|---|---|
| 粗蛋白 | 4.4g |
| 粗脂肪 | 0.97g |
| 胡萝卜素 | 11.2mg |
| 维生素C | 157mg |

## 食用方法

鲜幼苗及嫩茎叶食用时，先洗净，后用沸水焯约1分钟，再放入凉水中反复漂洗，去除苦涩味后炒食、凉拌或蘸酱食。种子可以磨成面，制作面食，嫩茎叶做菜，如炒龙牙草、龙芽炒猪肝等。

### 药典精要

《滇南本草》："治妇人月经或前或后，赤白带下，面寒腹痛，日久赤白血痢。"
《百草镜》："下气活血，理百病，散痞满；跌扑吐血，血崩，痢，肠风下血。"
《现代实用中药》："为强壮性收敛止血剂，兼有强心作用。适用于肺病咯血，肠出血，胃溃疡出血，子宫出血，齿科出血，痔血，肝脓肿等症。"

**实用偏方：**
【肺痨咯血】鲜龙芽草、白糖各50克。龙芽草捣烂，加水搅拌，榨取液汁，再加入白糖饮服。
【痈疽结毒】鲜龙芽草200克，地瓜酒250毫升，开水炖煮片刻，饭后服。

# 苣荬菜

## 清热解毒，利湿排脓

　　苣荬菜的养生保健功效非常显著，全草具有清热解毒、凉血利湿、消肿排脓、祛淤止痛、补虚止咳的功效。并可促进儿童生长发育、预防和治疗贫血，对急性淋巴细胞性白血病也有抑制作用。

**分布情况一览：**
宁夏、新疆、西藏。
**适用人群：**
一般人群均可食用，尤适宜急性细菌性痢疾、尿血、急性黄疸型肝炎、疮疡患者。

头状花序顶生，单一或呈伞房状，总苞钟形；花全为舌状花，鲜黄色，花药合生，花柱与柱头都有白色腺毛。

瘦果长椭圆形，有棱，具纵肋，先端有多层白色冠毛，冠毛细软。

茎直立。叶互生，披针形或长圆状披针形，基生叶具短柄，茎生叶没有柄。

**营养成分**
（以100g为例）

| | |
|---|---|
| 锌 | 49mg |
| 镁 | 52mg |
| 磷 | 30mg |
| 铁 | 9.7mg |
| 钙 | 218mg |
| 铜 | 1.07mg |

## 食用方法

全草洗净切段焯熟，东北食用多为蘸酱；西北食用多为包子、饺子馅，拌面或加工酸菜；华北食用多为凉拌、和面蒸食。还可加工酸菜或制成消暑饮料，味道独特，苦中有甜，甜中有香。

## 药典精要

《河北中药手册》："性寒，味苦。清热解毒，治急性细菌性痢疾，急性喉炎，内痔脱出。"
《常见混淆中草药的识别》："治白带及产后淤血腹痛，阑尾炎。"
《常见混淆中草药的识别》："苣荬菜15~50克，红藤100克，水煎服。可治阑尾炎。"

**实用偏方：**
【内痔脱出发炎】苣荬菜100克。煎汤，熏洗患处，每天1~2次。
【腹痛、阑尾炎】苣荬菜25~50克，红藤100克。加适量水煎煮，滤渣取汁饮服。

第五章 幼苗类野菜

# 玉竹

## 滋阴润肺，养胃生津

中医认为玉竹味甘、性平。具有滋阴润肺、养胃生津之效。可治燥咳、劳嗽、咽干口渴、内热消渴、阴虚外感、头昏眩晕、筋脉挛痛等症。玉竹富含的维生素A，可改善干裂、粗糙的皮肤，使之柔软润滑，起到美容护肤的作用。

**分布情况一览：**

黑龙江、吉林、辽宁、河北、山西、内蒙古、甘肃、青海等地。

**人群宜忌：**

爱美女性、肺热干咳、糖尿病患者食用。

叶互生，多呈椭圆形至卵状矩圆形。

根状茎圆柱形。

无苞片或有条状披针形苞片，花被黄绿色渐变至白色。

**营养成分**
（ 以100g为例 ）

| | |
|---|---|
| 蛋白质 | 1.5g |
| 粗纤维 | 3.6g |
| 烟酸 | 0.3g |

## 食用方法

用开水烫后炒食或做汤。若食用根茎，可于3~5月或9~10月采挖，去掉根须，洗净后，水焯熟凉拌，还可与肉丝、鸡蛋炒食，与排骨等煮食，与猪肉炖或蒸食。

药典精要

《别录》："主心腹结气，虚热，湿毒腰痛，茎中寒，及目痛眦烂，泪出。"

《药性论》："主时疾寒热，内补不足，去虚劳客热，头痛不安，加而用之良。"

《本草正义》："治肺胃燥热，津液枯涸，口渴嗌干等症，而胃火炽盛，燥渴消谷，多食易饥者，尤有捷效。"

**实用偏方：**

【秋燥伤胃阴】：玉竹、麦冬各15克，沙参10克，生甘草5克。加水煎服，分2次服。

【心律失常】：玉竹30克，红参5克，炙甘草20克。水煎服，每日1剂。适用于老年心动过缓，期前收缩者。

# 狼把草

## 清热解毒，养阴敛汗

　　中医认为狼把草味甘、性凉，全草入药具有镇静、降压、强心、清热解毒、养阴敛汗的功效。内服可用于感冒、扁桃体炎、咽喉炎、肠炎、痢疾、肝炎、泌尿系感染、肺结核盗汗、闭经等症；外用可治疔肿、湿疹、皮癣。

**分布情况一览：**

西北、华北、华东、西南、东北等地。

**适用人群：**

一般人群皆可食用，尤适宜肝炎、肺结核、扁桃体炎、肠炎患者食用。

头状花序顶生，球形或扁球形，花皆为管状，黄色。

茎直立，由基部分枝。

瘦果扁平，长圆状倒卵形或倒卵状楔形。

叶对生，茎中、下部的叶片羽状分裂或深裂，卵状披针形至狭披针形。

## 食用方法

食用时先用沸水烫过，再用清水漂洗以去除苦味，捞起沥干。可凉拌，或与其他菜品一起炒食，也可与肉类一起炖食。味道鲜美，具有降压、利尿的功效。

**营养成分**

| | |
|---|---|
| 挥发油 | 鞣质 |
| 木犀草素 | 本犀草素 |
| 葡萄糖甙 | 黄酮 |
| 维生素C | 蛋白质 |
| 粗纤维 | 粗脂肪 |

**第五章　幼苗类野菜**

## 药典精要

《本草图经》："主疗血痢。"

《本草拾遗》："主亦白久痢，小儿大腹痞满，丹毒寒热。取根、茎煮服之。"

《纲目》："治积年癣，天阴即痒，搔出黄水者，捣末掺之。"

《闽东本草》："养阴益肺，清热解毒。治咳嗽喘息，咽喉肿痛。"

《福建中草药》："叶捣烂绞汁涂抹，治湿疹。狼把草叶研末，醋调涂，治癣。"

**实用偏方：**

【白喉、咽喉炎、扁桃体炎】鲜狼把草150~200克，加鲜橄榄6个，或马兰鲜根15克。水煎服。

【咽喉肿痛、目赤】鲜狼把草15~50克。加冰糖炖服。

# 鬼针草

## 清热解毒，活血散淤

中医认为，鬼针草味苦、性温，具有活血散淤、清热解毒、抗菌消炎之效，可辅助治疗感冒、喉咙痛、痢疾、毒蛇咬伤、跌打损伤、阑尾炎、痔疮、慢性溃疡、冻疮、高血压、高脂血症。

中、下部叶对生，裂片披针形或卵状披针形。

**分布情况一览：**
华东、华中、华南、西南。
**适用人群：**
一般人群皆可食用，尤适宜肝炎、肺结核、扁桃体炎、肠炎患者食用。

瘦果黑色，条形，略扁，具棱。

边缘舌状花黄色，中央管状花黄色，两性。

茎直立，无毛或上部被极稀疏的柔毛。

### 营养成分

| 糖 | 丝氨酸 |
| --- | --- |
| 酪氨酸 | 香豆粗 |
| 生物碱 | 蒽醌甙 |
| 苏氨酸 | 胡萝卜素 |
| 多元酚 | 维生素 |

## 食用方法

食用时先用沸水烫过，再用清水漂洗以去除苦味，捞起沥干。可凉拌，或与其他菜品一起炒食，也可与肉类一起炖食，也可晒干菜。花朵晒干后可泡茶饮。

**药典精要**

《中国药植图鉴》："煎服，治痢疾，咽喉肿痛，噎膈反胃，贲门痉挛及食道扩张等症。有解毒，止泻止痢，解热功效。近用治盲肠炎。"
《泉州本草》："消淤，镇痛，敛金疮。治心腹结痛，产后淤血，月经不通，金疮出血，肠出血，出血性下痢，尿血。"

**实用偏方：**
【疟疾】鲜鬼针草400克。煎汤，加入鸡蛋一个煮汤服。
【痢疾】鬼针草400克煎汤，白痢配红糖，红痢配白糖，连服3次。
【黄疸】鬼针草、柞木叶各25克，青松针50克，煎服。

# 藜

## 清热利湿，杀虫止泻

中医认为，藜具有清热利湿的功效，煎剂内服主治痢疾、腹泻、湿疮痒疹、毒虫咬伤、齿痛等症。外用可把藜菜捣烂，涂治各种虫咬伤及白癜风。烧成灰，加入荻灰、蒿灰各等分，加水调和，蒸后取汁煎成膏，可雀斑、去恶肉。

**小档案**

性味：味甘、淡，性温平。

习性：喜光，生长于海拔 50~4200 米的地区。

繁殖方式：种子。

采食时间：春夏季采食嫩叶，7~8 月采花，9~10 月采果实。

食用部位：嫩叶可食，全草入药。

**食用方法**

嫩叶用沸水焯熟后换清水浸泡半天，凉拌、炒食、炖汤、蒸食都可以。

**分布情况一览**

全国各地均有分布。

胞果稍扁，近圆形，果皮与种子贴生，包子花被内。

叶互生，叶柄与叶片近等长，叶子菱状卵形，边缘有齿牙，下面被粉状物。

茎直立，粗壮，具条棱，绿色或紫红色条纹，多分枝，茎可以做拐杖。

# 红心藜

## 清热利湿，止痒透疹

具有去湿解毒、解热缓泻、清热利湿、止痒透疹、解毒杀虫的功效，主治疮疡、肿毒、疥癣、肤痒、痔疾、便秘、风热感冒、肺热咳嗽、腹泻、细菌性痢疾、荨麻疹、湿疹、白癜风、虫咬伤、湿毒。

**小档案**

性味：味甘，性平。

习性：生于路旁、荒地及田间。

繁殖方式：种子。

采食时间：春季采嫩叶，夏秋季采种子及全草。

食用部位：幼苗、嫩茎叶、花穗，全草及果实入药。

**食用方法**

幼苗、嫩茎叶和花穗均是可口的野菜来料理，嫩茎叶用沸水焯熟后可炒食或煮汤，亦可腌制，也可焯熟后晒干菜。

**分布情况一览**

全国各地均有分布。

叶片菱状卵形至宽披针形，嫩叶的上面有紫红色粉。

茎直立，具条棱及绿色或者是紫红色的色条。

第五章 幼苗类野菜

# 皱果苋

## 清热解毒，消肿止痛

中医认为，皱果苋味甘淡，性凉，具有滋补、清热解毒、消肿止痛、利尿润肠的功效。主治赤白痢疾、二便不通、目赤咽痛、鼻衄等病症。含有丰富的铁，能维持正常的心肌活动，防止肌肉痉挛（抽筋）。多数种类种子及全草还可药用。

种子倒卵形或圆形，黑色或黑褐色，有光泽，具细微的线状雕纹。

茎直立，稍有分枝，绿色或带紫色。

叶互生，卵形或卵状椭圆形。

# 芝麻菜

## 清热止血，清肝明目

芝麻菜为药食兼用野生植物。其种子油既可药用，又可食用。全草入药具有清热止血、清肝明目的功效，可辅助治疗尿石症、乳糜尿、胃溃疡、痢疾、肠炎、腹泻、呕吐、目赤肿痛、结膜炎、夜盲症、青光眼等病症。

基生叶及下部叶大头羽状分裂或不裂，全缘，仅下面脉上疏生柔毛。

为一年生草本，高20~90厘米；茎通常直立，上部常分枝，疏生硬长毛或近无毛。

# 小花鬼针草

### 清热解毒，活血散淤

中医认为，小花鬼针草具有活血散淤、清热解毒、止血止泻的功效。主治感冒发热、咽喉肿痛、肠炎、阑尾炎、痔疮、跌打损伤、冻疮、毒蛇咬伤等。临床多用于肾炎、胆囊炎、肝炎、腹膜炎、扁桃体炎、喉炎、闭经、疳积等食疗。

头状花序，有细长梗，黄色花。

茎直立，常暗紫色。

## 小档案

**性味：** 味苦，性平。

**习性：** 性喜温暖湿润气候。

**繁殖方式：** 种子。

**采食时间：** 夏、秋间采收地上部分，晒干。

**食用部位：** 嫩茎叶。

### 饮食宜忌

孕妇忌服。

### 食用方法

食用时先用沸水烫过，再用清水漂洗，去苦味。可以凉拌、炒食或晒干菜。

### 分布情况一览

东北、华北、河南、山东、江苏。

---

# 鹅绒委陵菜

### 健脾益胃，治疗疟疾

全草入药，具有清热解毒、健脾益胃、生津止渴、收敛止血、益气补血的功效。根部可做药用，治阿米巴痢疾、疥疮、疟疾。因富含淀粉，又可酿酒。经常食用，不上火，对于体质虚弱的老人、先天不足的婴儿尤为佳品。

花鲜黄色，单生于由叶腋抽出的长花梗上。

羽状复叶，基生叶多数，长圆状倒卵形、长圆形。

## 小档案

**性味：** 味甘，性平。

**习性：** 性喜潮湿环境，耐瘠薄，耐寒、耐旱、耐半阴。

**繁殖方式：** 种子。

**采食时间：** 春夏季采嫩苗或幼茎、叶。

**食用部位：** 嫩茎叶、根块。

### 食用方法

嫩茎叶用沸水焯一下，在用冷水浸泡去涩味，可炒用。秋季或早春挖其根块，煮粥，味道香甜可口。根部可做药用，因富含淀粉，又可酿酒。

### 分布情况一览

全国各地均有分布。

第五章　幼苗类野菜

# 紫花苜蓿

## 排除尿酸，降胆固醇

　　紫花苜蓿具有排水利尿的功效，能促进体内滞留水分的排除，尤其对于女性生理期水肿、痛风患者的尿酸排除都有良好的效果。苜蓿中含有植物皂素的活性成分，可降低人体胆固醇。

### 小档案

性味：味甘，性平。

习性 性喜干燥、温暖、多晴天、气候和高燥、疏松、排水良好，富含钙质的土壤。

繁殖方式：种子。

采食时间：春季采嫩苗叶，夏秋季收割全草，根全年可采。

食用部位：嫩苗叶可食，全草入药。

### 食用方法

嫩叶可以做汤或炒食，也可以切碎凉拌或拌面蒸食。

### 分布情况一览

西北、华北、东北，以及江淮流域。

茎秆斜上或直立，光滑，略呈方形。

叶为羽状三出复叶，小叶长圆形或卵圆形花深紫色，花序紧凑。

---

# 南苜蓿

## 清热利尿，治疗结石

　　中医认为，南苜蓿具有清热利尿的功效。可辅助治疗黄疸、尿路结石。其富含纤维素能抑制肠道收缩，防止便秘。还含的大豆黄酮、苜蓿酚具有雌激素的生物活性，可防止肾上腺素的氧化，并有轻度雌激素样作用和抗癌作用。

### 小档案

性味：味苦、微涩，性平。

习性：喜生于较肥沃的路旁、荒地，耐寒。

繁殖方式：种子。

采食时间：春季采嫩苗叶，夏秋季收割全草，根全年可采。

食用部位：嫩苗叶可食，全草入药。

### 食用方法

采摘后，用清水洗净，然后放入开水中焯一下，捞出后可凉拌、炒菜，也可炖汤或涮火锅。

### 分布情况一览

安徽、江苏、浙江、江西、湖北、湖南。

花序头状伞形，总花梗腋生。

羽状三出复叶，托叶大，卵状长圆形，小叶倒卵形或三角状倒卵形。

茎平卧、上升或直立，近四棱形，基部分枝。

# 黄花龙芽

## 清热利湿，消炎止血

黄花龙牙全草可入药，其所含的仙鹤草酚，有强壮、收敛止血、强心、凝血、凉血、抗菌等功效，煎剂内服可治疗阑尾炎、肝炎、肠炎、痢疾、产后淤滞腹痛、疮痈肿毒、眼结膜炎。捣烂外用可治疗流行性腮腺炎、蛇咬伤。

### 小档案

性味：味苦辛，性平。
习性：常生于溪边、路旁、草地、灌丛及林边。
繁殖方式：种子。
采食时间：春季采幼苗，夏季采茎叶。
食用部位：嫩茎叶。

### 饮食宜忌

脾胃虚寒者慎食。

### 食用方法

春季采幼苗，夏季采茎叶，洗净焯后用清水浸泡至无苦味，可凉拌可炒菜。

### 分布情况一览

全国各地均有分布。

聚伞圆锥花序伞房状，花较小，黄色。

茎细长，横生，有特殊臭气。

基生叶成丛，有长柄，叶对生，叶片披针形或窄卵形。

---

# 芦蒿

## 消炎止血，镇咳化痰

中医认为芦蒿味甘、性平，全草入药，具有止血消炎、镇咳化痰、清热解毒、健胃滑肠的功效，可用于黄疸型或无黄疸型肝炎、胃气虚弱、浮肿、河豚中毒等病症，也可预防芽病、喉病和便秘等。

### 小档案

性味：味甘，性平。
习性：湿中生耐阴性。
繁殖方式 种子、扦插、压条、分株。
采食时间：春季采食嫩叶，秋季采挖根部入药。
食用部位：嫩茎叶可食，根可入药。

### 食用方法

先嫩茎叶可以做蔬菜，气味清香,脆嫩可口，可以凉拌、炒食。芦蒿的根茎也可以腌渍。

### 分布情况一览

黑龙江、吉林、辽宁、内蒙古、河北、山西、陕西、甘肃。

头状花序多数，长圆形或宽卵形，在分枝上排成密穗状花序。

叶纸质或薄纸质，上面绿色，茎下部叶宽卵形或卵形。

# 刺儿菜

## 祛淤止血，消炎抑菌

刺儿菜含有结构相似的生物碱成分，具有凉血、祛淤、止血的功效，适用于吐血、尿血、便血、急性传染性肝炎、疗疮、功能性子宫出血、外伤出血等，对溶血性链球菌、肺炎球菌及白喉杆菌有一定的抑制作用。

### 小档案

性味：味甘，性凉。
习性：适喜温暖湿润气候，耐寒、耐旱。
繁殖方式：种子。
采食时间：5~6月。
食用部位：嫩茎叶。

### 饮食宜忌

脾胃虚寒、体虚多病者慎食。

### 食用方法

春季采摘刺儿菜的幼苗或茎叶，洗净后焯水，可拌、炝、炖、炒、蒸、煮、做汤、制粥等。

### 分布情况一览

东北、华北、西北、西南、华东。

头状花序单生于茎顶，雌雄异株或同株，花紫红色。

叶椭圆或椭圆状披针形，先端锐尖，基部楔形或圆形。

茎直立，有纵沟棱，无毛或被蛛丝状毛。

# 山莴苣

## 清热解毒，活血祛淤

山莴苣全草均可入药，其性寒、味苦，有清热解毒、活血祛淤、健胃之功效，可辅助治疗阑尾炎、扁桃体炎、疮疖肿毒、宿食不消、产后淤血作痛、崩漏、痔疮下血。捣烂外用可治疮疖肿毒。

### 小档案

性味：味微苦，性寒。
习性：喜冷凉，稍耐霜冻，怕高温。
繁殖方式：种子。
采食时间：夏秋开花时采全草，秋后至春夏开花前挖根。
食用部位：苗叶。

### 食用方法

嫩苗蘸甜酱生食，或用沸水烫后，稍加漂洗即可凉拌、炒食或做馅，或掺入面中蒸食，也可晒干做蔬菜。

### 分布情况一览

黑龙江、吉林、辽宁、内蒙古、河北、山西、陕西、甘肃、青海、新疆。

中下部茎叶披针形、长披针形或长椭圆状披针形，向上的叶渐小。

头状花序在茎枝顶排成伞房花序或伞房圆锥花序，通常淡紫红色或黄色。

# 芦苇

## 清热解毒，除烦利尿

中医认为，芦苇具有清热解表、清胃火、除肺热、健胃、镇呕、生津、除烦、利尿的功效。多适用于胃热呕吐、反胃、肺痿、河豚中毒等症。将芦叶研为末，以葱、椒汤洗净，敷外伤，可治发背溃烂。

### 小档案

性味：味甘、淡，性微寒。

习性：耐盐碱，又耐酸，且抗涝，适应各类土壤。

繁殖方式 根茎繁殖，扦插繁殖。

采食时间：春季采嫩芽，夏秋季采全草。

食用部位：嫩芽可食用，全草及根入药。

### 食用方法

芦苇笋宜鲜食，可用来炒、煮、炖或凉拌，也可以做汤在沸水中焯熟后凉拌。

### 分布情况一览

全国各地均有分布。

圆锥花序分枝稠密，向斜伸展，花小穗有小花。

叶鞘圆筒形，叶片长线形或长披针形，排列成两行。

茎秆直立，节下常生白粉。

# 白茅

## 凉血止血，利尿通淋

白茅全株均可入药，其根有凉血止血、清热下火之效，煎剂内服可治吐血、衄血、尿血、小便不利、热淋涩痛、急性肾炎、水肿、湿热黄疸、胃热呕吐、肺热咳嗽等症。其花序可用于尿闭、淋病、水肿、中毒、体虚等症。

### 小档案

性味：味甘，性寒。

习性：适应性强，耐荫、耐瘠薄和干旱。

繁殖方式 无性繁殖。

采食时间：春季采嫩芽，春、秋季采挖根茎，7~9月采收花序。

食用部位：嫩芽可食，根茎入药。

### 饮食宜忌

脾胃虚寒、腹泻便溏者不宜食用。

### 食用方法

采白茅嫩芽，剥去外皮，取里面的嫩心直接食用。

### 分布情况一览

全国各地均有分布。

圆锥花序圆柱状，分枝缩短而密集，小穗披针形或矩圆形，孪生。

茎生叶较短，叶稍褐色，具短叶舌。

茎节上有长柔毛，白色，匍匐横走。

# 水烛

## 消肿排脓，凉血止血

中医认为，水烛味甘、性凉，为止血药，具有利水道、消肿排脓的功效，主治咯血、吐血、衄血、便血、尿血、子宫出血、痔出血，并可辅助治疗膀胱炎及尿道炎、女性月经不调、带下崩漏等症，外用为撒布剂，治创伤、湿疹。

### 小档案

性味：味甘，性凉。

习性：多自生在水边或池沼内。

繁殖方式：播种繁殖、分株繁殖。

采食时间：春季采嫩芽，夏秋季挖根。

食用部位：幼苗。

### 饮食宜忌

孕妇忌用。

### 食用方法

嫩茎白和地下草芽可以食用，清爽可口。

### 分布情况一览

黑龙江、吉林、辽宁、河北、山西、北京、天津。

雌雄同株，开花受精后形成果穗，雄穗状花序较长，雌花序圆柱形。

叶片扁平，狭长线形，叶鞘有白色膜质边缘。

# 小香蒲

## 润燥凉血，去火健脾

中医认为小香蒲味咸、涩，性平，具有止血、祛淤、利尿的功效，主治小便不利、乳痈等病症。其花粉可药用，主治白带、闭经、产后心腹疼痛、跌打肿痛、小便不利、血淋、痔疮、瘰疬、痈疮等。种子治子宫脱垂、脱肛、歪嘴风。

### 小档案

性味：味咸、微涩，性平。

习性：多生于河漫滩与阶地的浅水沼泽、沼泽化草甸及排盐渠沟边的低湿地里。

繁殖方式：播种繁殖、分株繁殖。

采食时间：5~10 月采摘。

食用部位：嫩芽可食，全草入药。

### 食用方法

嫩芽称蒲菜，其味鲜美，清爽可口，为有名的水生蔬菜。

### 分布情况一览

东北、华北、西北、西南。

穗状花序呈蜡烛状，雌雄花序不相连。雌雄花序远离，雄花序长 3~8 厘米，花序轴无毛。

叶基生，鞘状，无叶片，叶鞘边缘膜质，叶耳向上伸展。

# 女娄菜

## 清热解毒，活血调经

中医认为，女娄菜具有活血调经、散积健脾、解毒、下乳、健脾利湿、清热解毒的功效。主治月经不调、乳少、小儿疳积、脾虚浮肿、疗疮肿毒等症，还可辅助治疗咽喉肿痛、中耳炎等症。

### 小档案

性味: 味苦甘，性平。

习性: 生于平原、丘陵、山地、山坡草地或旷野路旁草丛中。

繁殖方式: 种子。

采食时间: 夏、秋季采集，除去泥沙，鲜用或晒干。

食用部位: 嫩苗可食，全草入药。

### 食用方法

采集嫩苗用热水焯熟，然后换水浸洗干净，以去除苦味，加入油盐调拌食用，也可以炒食。

### 分布情况一览

全国各地均有分布。

叶卵状披针形至线状被针形，顶端尖锐，柄或下部叶的基部渐狭呈叶柄。

聚伞花序伞房状，花瓣粉红色或白色。花萼卵状钟形，花丝基部具有缘毛。

茎单生或数个，直立，分枝或不分枝。

---

# 委陵菜

## 清热解毒，凉血止痢

中医认为委陵菜味苦、性寒，具有清热解毒、凉血止痢、祛风湿的功效，煎剂内服多用于治疗赤痢腹痛、久痢不止、痔疮出血、痈肿疮毒、解毒、风湿筋骨疼痛、瘫痪、癫痫、疮疥等症。外用时把鲜品煎水洗或捣烂敷患处即可。

### 小档案

性味: 味苦，性寒。

习性: 喜微酸性至中性的湿润土壤。

繁殖方式: 种子。

采食时间: 4~6月采嫩叶，8~10月挖根。

食用部位: 嫩苗叶。

### 饮食宜忌

一般人群皆可食用，慢性腹泻者及体虚者慎用。

### 食用方法

嫩叶可以凉拌、清炒，也可以做汤；块根则可以生食、煮食，或磨成面参入主食。

### 分布情况一览

全国各地均有分布。

花多数，顶生，呈伞房状豪伞花序。

单数羽状复叶，顶端小叶最大，两侧小叶向下渐次变小，小叶狭长呈椭圆形。

茎直立，密生灰白色绵毛。

第五章　幼苗类野菜

# 东亚唐松草

性味：味苦，性寒。

习性：适应性强，喜阳又耐半阴，较耐寒，对土壤要求不严。

繁殖方式：种子繁殖、分株繁殖。

采食时间：春、秋季挖根茎及根，夏季采花果。

食用部位：嫩茎叶。

## 食用方法

采集嫩茎叶用热水焯熟，然后换水浸洗干净，可凉拌，也可以炒食或晒干菜。

## 分布情况一览

山东、河北、内蒙古、浙江以及东北。

## 清热泻火，燥湿解毒

味苦，性寒，根入药，具有清热泻火、燥湿解毒、明目消肿、败毒抗癌的功效。主治热病心烦、湿热泻痢、肺热咳嗽、目赤肿痛、痈肿疮疖，也可治疗肝炎和辅助癌症治疗，还有消炎、抗凝、降压、利尿作用。

聚伞花序圆锥状，白色或淡堇色。

基生叶有长柄，顶生小叶近圆形。

# 麦家公

性味：味甘、辛，性微温。

习性：喜光，对环境有较强的适应能力。

繁殖方式：种子。

采食时间：7~9月果熟时采收。

食用部位：嫩苗可食，全草入药。

## 食用方法

嫩苗用沸水焯后炒食或凉拌，也可炖汤，种子可榨油。

## 分布情况一览

河北、陕西、安徽、黑龙江、辽宁、山东、新疆、浙江、山西、甘肃、江苏、湖北、吉林。

## 温中健胃，消肿止痛

麦家公味甘、辛，性温，无毒、无怪味，具有温中健胃、消肿止痛的功效。主治胃胀反酸、胃寒疼痛、吐血、跌打损伤、骨折。幼嫩期可刈割，用作猪和家禽的饲草。种子经榨油后的油粕富含营养，可作精饲料，各种畜禽均直食。

聚伞花序、花冠白色或淡蓝色。

叶倒披针形或线性、两面被短糙毛、叶无柄或近无柄。

茎直立或斜升、茎的基部或根的上部略带淡紫色。

## 清热解毒，帮助消化

中医认为一年蓬味苦，性凉，具有清热解毒、帮助消化、止泻、截疟的功效，主治消化不良、肠炎腹泻、传染性肝炎、淋巴结炎、血尿等病症，外用治齿龈炎、蛇咬伤。

### 小档案

性味：味苦，性凉。

习性：生于肥沃向阳的土地上，在干燥贫瘠的土壤亦能生长。

繁殖方式：种子。

采食时间：夏秋季。

食用部位：嫩茎叶可食，全草入药。

### 食用方法

食用时先用沸水烫过，再用清水漂洗，去苦味。可以凉拌、炒食或晒干菜。

### 分布情况一览

西北、东北、华北、华中、华东、华南、西南等地均有。

头状花序排列成伞房状，中央管状花，黄色。

基部叶卵形成卵状披针形，茎生叶互生，披针形或线状。

茎直立，全体均有短柔毛。

## 清热利湿，散淤消肿

中医认为，小白酒草具有清热利湿、散淤消肿的功效。煎剂内服主治肠炎、痢疾、传染性肝炎、胆囊炎。捣烂外用可治牛皮癣、跌打损伤、疮疖肿毒、风湿骨痛、外伤出血。鲜叶捣汁治中耳炎、眼结膜炎。

### 小档案

性味：味微苦、辛，性凉。

习性：阳性，耐寒，土壤要求排水良好但周围要有水分。

繁殖方式：种子。

采食时间：1~6月采嫩茎叶，夏、秋季采收全草。

食用部位：嫩茎叶。

### 食用方法

食用时先用沸水烫过，再用清水漂洗，去苦味。可以凉拌、炒食或晒干菜。

### 分布情况一览

东北以及陕西、山西、河北、河南、山东、浙江、江西。

头状花序有短梗，多形成圆锥状，白色至微带紫色。

叶互生，叶片披针形，全缘或微锯齿。

第五章　幼苗类野菜

第六章

# 藻菇类
## 野菜

　　藻类野菜泛指生长在水中的植物，亦包括某些水生的高等植物。藻类是隐花植物的一大类，无根、茎、叶等部分的区别，有叶绿素可以自己制造养料。种类很多，海水和淡水里都有。藻类野菜可拌饭、做汤。菇类野菜指蘑菇，属于担子菌纲菌目的真菌或其子实体（担子果）。新鲜采下来的菇类里面会有很多小虫子，先撕去表层膜衣、洗干净后，必须用盐水浸泡三四个小时，然后才能下锅。

# 香菇

## 补肝健脾，防癌抗癌

香菇富含多种营养元素，其中含有嘌呤、胆碱、酪氨酸、氧化酶以及某些核酸物质，具有降血压、降胆固醇、降血脂的作用，其菌盖部分含有双链结构的核糖核酸，可以预防癌症。

分布情况一览：
山东、河南、浙江、福建、台湾、广东、广西、安徽、湖南、湖北、江西等地。
人群宜忌：
香菇为动风食物，顽固性皮肤瘙痒症患者忌食

菌盖下面有菌幕，后破裂，形成不完整的菌环。

子实体单生、丛生或群生，子实体中等大至稍大。

菌肉白色，稍厚或厚，细密，具香味。

## 食用方法

香菇的里层长有像鱼鳃一样的鳃瓣，内藏许多细小的沙粒，很不容易洗干净。用温度超过60℃的热水浸泡1小时后，可炒食，也可炖汤，或做火锅底料，味道鲜美，清爽可口。

### 营养成分
（以100g为例）

| | |
|---|---|
| 水 | 13g |
| 脂肪 | 1.8g |
| 碳水化合物 | 54g |
| 粗纤维 | 7.8g |
| 钙 | 124mg |

## 养生食谱

### 香菇烧土豆

原料：土豆300克，水发香菇100克，青椒丁、红椒丁、盐、姜片、酱油各适量。
制作：1.土豆去皮洗净，切丁；水发香菇洗净，切块。2.锅入油加热，放入香菇炒香，入土豆、青椒、红椒、姜片，调入盐、酱油炒熟即可。
功效：此菜有降血压、降胆固醇之效。

### 小贴士：
巧洗香菇：先把香菇倒在盆内，用60℃的温水浸泡1小时。再用手将盆中水朝一个方向旋搅约10分钟，让香菇的鳃瓣张开，沙粒随之徐徐落下，沉入盆底，随后，将香菇捞出并用清水冲净，即可烹食。

# 平菇

## 追风散寒，舒筋活络

平菇含有多糖体，对肿瘤细胞有很强的抑制作用，并且富含各种营养素，具有补虚、抗癌、改善人体新陈代谢、增强体质、调节自主神经的功效。还可辅助治腰腿疼痛、手足麻木等症。

分布情况一览：
全国各地均有分布。

适用人群：
更年期妇女，肝炎、软骨病、心血管疾病、尿道结石症患者及癌症患者尤其适宜。

菌柄稍长而细，常基部较细，中上部变粗，内部较实，且富纤维质的表面，孢子印白色。

菌盖呈白色、乳白色至棕褐。

枞生或散生，从不叠生。有的品种菌柄纤维质程度较高。

### 食用方法

可以炒、烩、烧，平菇鲜品出水较多，易被炒老，须掌握好火候。不要用洗涤灵等清洁剂浸泡平菇，这些物质很难清洗干净，容易残留在果实中，造成二次污染。

### 营养成分
（以100g为例）

| | |
|---|---|
| 脂肪 | 2.3g |
| 蛋白质 | 7.8g |
| 膳食纤维 | 5.6g |
| 碳水化合物 | 6.9g |
| 烟酸 | 6.7mg |

### 养生食谱

**平菇虾米凤丝汤**

原料：鸡大胸200克，平菇45克，虾皮5克，高汤适量，盐少许。
制作：1. 鸡大胸洗净切丝汆水，平菇洗净撕成条，虾皮洗净稍泡。2. 锅入高汤，下入原料烧开，调入盐煮至熟即可。
功效：此汤有改善人体新陈代谢、增强体质、调节植物神经功能等作用。

**小贴士：**
平菇要用自来水不断冲洗，流动的水可避免农药渗入果实。洗干净的平菇也不要马上吃，用清水再浸泡5分钟。不要把平菇蒂摘掉，去蒂的平菇放在水中残留的农药会随水进入内部，造成更严重的污染。

第六章 藻菇类野菜

# 鸡枞

### 健脾和胃，养血润燥

鸡枞菌富含多种氨基酸及营养元素，能提高机体免疫力、抑制癌细胞、降低血糖。中医认为其味甘，性平，有补益肠胃、健脾和胃、养血润燥的功效疗，可治脾虚纳呆、消化不良、痔疮出血等症。

## 小档案

性味：味甘，性平。
习性：常见于针阔叶林中地上、荒地上和乱坟堆、苞谷地中。
繁殖方式：菌种。
采食时间：6月末和7月中旬前后。
食用部位：全体。

## 饮食宜忌

感冒或肠胃不适时应少吃或不吃。

## 食用方法

可以单料为菜，还能与蔬菜、鱼肉及各种山珍海味搭配。

## 分布情况一览

西南、东南及台湾。

伞盖开繁后，带有鸡枞虫的独鸡枞有特殊香味。

基柄与白蚁巢相连，散生至群生。

# 松茸

### 补肾强身，理气化痰

松茸具有很好的抗肿瘤活性，所含多糖的抗肿瘤活性远非常高，并且富含多种营养元素，具有提高人体免疫力、降低血糖、预防心血管疾病、抵抗衰老、养颜美容、调整肠胃、保护肝脏等多种功效。

## 小档案

性味：味淡，性温。
习性：只能生长在没有任何污染和人为干预的原始森林中。
繁殖方式：菌种。
采食时间：8月上旬到10月中旬。
食用部位：全体。

## 饮食宜忌

适宜身体虚弱、容易疲劳的亚健康人群。

## 食用方法

可炒、炖、烤，也可以泡酒。

## 分布情况一览

吉林、辽宁、安徽、台湾、四川、贵州、云南、西藏。

新鲜的松茸，形若伞状，色泽鲜明，菌肉白嫩肥厚，质地细密，有浓郁的特殊香气。

菌盖呈褐色，菌柄为白色，均有纤维状茸毛鳞片。

# 青头菌

## 泻肝火，治急躁

中医认为青头菌气味甘淡，微酸，主治眼目不明，能泻肝经之火、散热舒气，对急躁、忧虑、抑郁、痴呆症等病症有很好的调治作用。尤其适合有眼疾患者食用。青头菌烹调后口感滑嫩，香气清淡自在。

### 小档案

性味：味酸，性温。
习性：生长在松树或针叶林、阔叶林或混交林地。
繁殖方式：菌种。
采食时间：6~9月。
食用部位：子实体。

### 饮食宜忌

一般人都适合食用，尤其适合有眼疾、肝火盛、抑郁症患者。

### 食用方法

烧、炒、炖、蒸、熘、拌、烩，与甲鱼、乌鸡、土鸡等混一起做汤。

### 分布情况一览

云南。

菌盖为初球形，很快变扁半球形并且渐伸展，中部常常稍下凹，不粘，浅绿色到灰色。

菌柄长中实或内部松软。

# 松树菌

## 强身止痛，理气化痰

松树菌具有强身、止痛、益肠胃，理气化痰的功效。其含有多元醇，可防治糖尿病。松树菌的多糖类物质还有抗肿瘤的功效。经常食用松树菌，有美颜健肤、抵抗辐射的食疗功效。

### 小档案

性味：味淡，性温。
习性：夏秋季在针叶树等混交林地上群生或散生。
繁殖方式：菌种。
采食时间：夏秋季节。
食用部位：子实体。

### 食用方法

烹调方法主要有清炖、爆炒，新鲜采下来的菌里有很多小虫子，先撕去表层膜衣、洗干净后必须用盐水浸泡三四个小时，然后才能下锅。

### 分布情况一览

广西、广东、吉林、湖南、湖北、云南、江西、四川、西藏。

菌半球形，后期有时中部稍下凹，粉红或玫瑰红至珊瑚红色。

菌柄近柱形，基部稍细。

第六章　藻菇类野菜

# 鸡油菌

## 清目利肺，预防眼炎

鸡油菌富含多种营养元素，具有清目利肺、益肠健胃、提神补气的功效。尤其是其所含的维生素 A，经常食用可治疗皮肤粗糙或干燥症、角膜软化症、眼干涩症、夜盲症、视力失常、眼炎等疾病。

### 小档案

性味：味甘，性寒。
习性：秋天生长于北温带深林内。
繁殖方式：菌种。
采食时间：秋季雨后。
食用部位：子实体。

### 饮食宜忌

皮炎患者忌食。

### 食用方法

放入开水锅中焯 3~5 分钟后捞出，投凉，即可烹调，也可浸泡在水中备用。

### 分布情况一览

分布于福建、湖南、广东、四川、贵州、云南等地。

最初扁平后下凹，边缘波状，常裂开内卷。

实体肉质喇叭形，杏黄色至蛋黄色。

# 干巴菌

## 延缓衰老，抑制癌症

干巴菌含有抗氧化物质，具有延缓衰老的功效。其中的核苷酸、多糖等物质有助于降低胆固醇、调节血脂、提高免疫力等。其所含的多醣体虽然对癌细胞没有直接的杀伤力，但能调节机体内部的防御力量，抑制癌细胞生长及扩散。

### 小档案

性味：味甘，性平。
习性：生长在滇中及滇西的山林松树间。
繁殖方式：菌种。
采食时间：夏季雨季。
食用部位：子实体。

### 饮食宜忌

菌内含异性蛋白质，食用蛋类、乳类、海鲜过敏者慎食。

### 食用方法

常见的烹饪方法有腌、拌、炒、炸、炖、干煸等，也可以与一些蔬菜、肉类、家禽相搭配。

### 分布情况一览

云南。

有灰白色、黄色、淡黄色或黑灰色。

枝端扁平成花瓣状，密集丛生为蓬。

# 小美牛肝菌

## 帮助消化，有利肠胃

　　中医认为小美牛肝菌味甘，性凉，具有消食和中、舒筋络、养血、清热解烦、追风散寒、舒筋和血、补虚提神的功效，主治消化不良、食少腹胀、腰腿疼痛、手足麻木等病症。牛肝菌又是妇科良药，可治妇女白带症及不孕症。

### 小档案

性味：味甘，性凉。
习性：夏秋季在混交林分散或群生长。
繁殖方式：菌种。
采食时间：6~10月。
食用部位：子实体。

### 饮食宜忌

食量过多或煮调不当会引起中毒。

### 食用方法

可煮食、凉拌、蒸制、炒制，或在吃火锅时做配料食用。

### 分布情况一览

江苏、云南、四川、贵州、西藏、广东、广西。

菌盖浅粉肉桂色至浅土黄色，扁半球形至扁平，具绒毛，菌柄具网纹。

# 双色牛肝菌

## 强身健体，降糖降压

　　中医认为，双色牛肝菌味甘，性温，有消食和中、祛风寒、舒筋络的功效。主要用于调治食少腹胀、腰腿疼痛、手足麻木等。双色牛肝菌营养丰富，有防病治病、强身健体的功能，尤其对糖尿病有很好的疗效。

### 小档案

性味：味甘，性温。
习性：单生或群生于松栎混交林下，有时也见于冷杉林下。
繁殖方式：菌种。
采食时间：5月底至10月中旬，雨后天晴时生长较多。
食用部位：子实体。

### 饮食宜忌

慢性胃炎患者少食。

### 食用方法

可煮食、凉拌、蒸制、炒制，或在吃火锅时食用。鲜时清香，生尝微甜味佳。

### 分布情况一览

四川、云南、西藏。

菌盖中凸呈半球形，有时不甚规则。

菌肉黄色，坚脆，伤后初不变色，渐渐变蓝，后而还原。

第六章　藻菇类野菜

# 鸡腿菇

## 有益脾胃，清心安神

鸡腿菇具有高蛋白，低脂肪的优良特性，经常食用有助消化、增加食欲和治疗痔疮的作用。鸡腿菇还含有抗癌活性物质和治疗糖尿病的有效成分，长期食用，对降低血糖浓度、治疗糖尿病有较好疗效。

### 小档案

性味：味甘，性平。

习性：春夏秋季雨后生于田野、林园、路边、茅屋屋顶上。

繁殖方式：菌种。

采食时间：春夏秋季雨后。

食用部位：子实体。

### 饮食宜忌

痛风患者不宜食用。

### 食用方法

炒食，炖食，煲汤均久煮不烂，口感滑嫩，清香味美。

### 分布情况一览

黑龙江、吉林、河北、山西、内蒙古。

菌盖幼时近光滑，后有平伏的鳞片或表面有裂纹。

菌盖圆柱形，连同菌柄状似鸡腿，后期钟形。

---

# 羊肚菌

## 强身健体，化痰理气

羊肚菌有机锗含量较高，具有强健身体、预防感冒、增强人体免疫力的功效。中医认为其味甘，性平，具有益肠胃、化痰理气、补肾壮阳、补脑提神之效，对脾胃虚弱、消化不良、痰多气短、头晕、失眠有良好的治疗作用。

### 小档案

性味：味甘，性平。

习性：圆叶杨、乌桕、梧桐等阔叶林下土壤腐殖质较厚的地上。

繁殖方式：菌种。

采食时间：春季3~5月雨后多发生，秋季8~9月也偶有发生。

食用部位：子实体。

### 食用方法

味道鲜美，营养丰富，炒食，炖食，煲汤均可，也可涮火锅。

### 分布情况一览

河南、陕西、甘肃、青海、西藏、新疆、四川、山西、吉林、江苏、云南、河北、北京。

菌盖近球形、卵形至椭圆形，蛋壳色至淡黄褐色，表面具有类似羊肚状的凹坑。

菌柄圆筒状、中空，近白色，表面平滑或有凹槽。

## 消肿止痛，抑制真菌

嫩时采摘可食用，成熟后可药用。中医认为，头状秃马勃味甘，性平，具有生肌、消炎、消肿、止痛、抑制真菌作用。从其发酵液分离出的马勃菌酸，对革兰阳性、阳性菌及真菌有抑制作用。

### 头状秃马勃

### 小档案

性味：味甘，性平。
习性：夏秋季于林中地上单生至散生。
繁殖方式：菌种。
采食时间：夏秋季。
食用部位：幼时的子实体。

### 食用方法

幼时可食，成熟后可药用。炒食，炖食，煲汤均可，也可吃火锅时食用。

### 分布情况一览

河北、吉林、江苏、安徽、江西、福建、湖南、广东、广西、陕西、甘肃、四川、云南。

包被两层，均薄质。

淡茶色至酱色，初期具微细毛，逐渐光滑。

## 软坚化痰，清热养心

中医认为，条斑紫菜味甘、咸，性寒，具有软坚化痰，清热养心的功效，主治癥瘕积聚、瘿瘤瘰疬、痰核咳嗽、气喘等症。常适用于咽喉肿痛、壮热所致的心烦不眠、惊悸怔忡、头目眩晕等症。

### 条斑紫菜

### 小档案

性味：味微甘、咸，性寒。
习性：多生长在中潮带岩石上，2~3月为其生长盛期。
繁殖方式：孢子。
采食时间：从12月上旬开始到第二年5月份为止。
食用部位：全体。

### 食用方法

紫菜包饭是韩国的特色。不论汤、面、拌饭、水饺，都可以在上面撒一些紫菜丝和芝麻。

### 分布情况一览

辽宁、山东、江苏、浙江、福建。

细胞单层，内含1个星状色素体。

藻体紫红色或青紫色，卵形或长卵形，基部圆形或心脏形，边缘光滑无皱褶。

第六章　藻菇类野菜

# 海带

## 消痰软坚，泄热利水

海带含热量低、蛋白质含量中等、矿物质丰富，其所含的氨酸有降压作用，聚糖有降血脂作用，经常食用可降血脂、降血糖、降胆固醇、调节免疫、抗凝血、抗肿瘤、排铅解毒和抗氧化。

### 小档案

性味：味咸，性寒。

习性：海带生长海区要求水流通畅，水质肥沃，安全系数高。

繁殖方式：孢子繁殖

采食时间：5月中旬。延续到7月上旬。

食用部位：全株。

### 食用方法

海带既可凉拌，又可做汤。洗净后再浸泡，然后将浸泡的水和海带一起做汤。可避免溶于水中的甘露醇和维生素被丢弃，从而保存了海带的成分。

### 分布情况一览

黄海、渤海海域。

藻体为褐色，呈长带状，革质，一般长2~6米，宽20~30厘米。

固着器假根状，柄部粗短圆柱形，柄上部为宽大长带状的叶片。

# 裙带菜

## 清热生津，降胆固醇

裙带菜有清热、生津、通便之效。其黏液中所含有的褐藻酸和岩藻固醇，可降低血液中的胆固醇，有利于体内多余的钠离子排出，预防脑血栓病的发生，并可防止动脉硬化及降低高血压。

### 小档案

性味：味甘咸，性凉。

习性：生长在大海中的裙带菜，总是规范地重复着固定的生长和繁殖周期。

繁殖方式：孢子。

采食时间：主要集中在2~5月之间。

食用部位：全株。

### 食用方法

做汤，可与鱼类、牛奶、小麦等一起煮食，也可煮熟后加糖凉拌。

### 分布情况一览

辽宁的旅顺、大连、金州，山东的青岛、烟台、威海等地。

孢子体黄褐色，外形很像破的芭蕉叶扇，明显地分化为固着器、柄及叶片三部分。

一年生，色黄褐，叶绿呈羽状裂片，叶片较海带薄。

鹅掌菜

## 消肿利水，润下消痰

中医认为，鹅掌菜性味咸寒，可供食用及药用，具有软坚散结、消肿利水、润下消痰的功效。多用于辅助治疗甲状腺肿、颈淋巴结肿、支气管炎、肺结核、咳嗽、老年性白内障等症。

藻体褐至黑褐色，叶状，革质。

叶片中部厚，两侧羽状分枝，叶缘有粗锯齿，叶面皱褶，柄部圆柱形。

### 小档案

性味：味咸，性寒。

习性：生长于流急浪大的大干潮线以下1~5米的岩石上。

繁殖方式：孢子。

采食时间：6~9月份采食。

食用部位：全株可食，也可入药。

### 食用方法

可拌饭，做汤。如鹅掌菜煮黄豆，清热解毒、消水利肿后；鹅掌菜苡仁蛋汤，强心活血、润肺利湿。

### 分布情况一览

产于浙江渔山列岛，福建也有分布。

---

羊栖菜

## 补血降压，软坚化痰

羊栖菜具有补血，降血压，通便秘，软坚化痰的功效。其所含的多糖具有抗肿瘤作用，有促进造血功能和增强免疫功能的功效，并可防止血栓形成，降低胆固醇和防止高血压，缓解便秘症状。

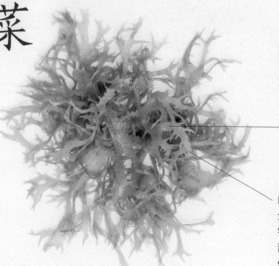

藻体黄褐色，肥厚多汁，叶状体的变异很大。

雌、雄异株、异托，生殖托圆柱状顶端钝，表面光滑，基部具有柄，单条或偶有分枝。

### 小档案

性味：味甘咸，性平。

习性：生长在低潮带岩石上。

繁殖方式：孢子。

采食时间：黄、渤海幼苗初见8~11月，次年5~10月成熟。

食用部位：全株。

### 饮食宜忌

服用中药甘草之人，忌食羊栖菜。脾胃虚寒者忌食用。

### 食用方法

可凉拌或做汤。

### 分布情况一览

北起辽东半岛，南至雷州半岛，均有分布，浙江沿海最多。

第六章　藻菇类野菜

# 第七章

# 其他类
## 野菜

　　野菜是一种无化肥、无农药残留污染，营养价值较高的天然绿色食品，多为早春萌芽生长，通过技术辅助也可大棚培植，增加人类可食用蔬菜品种，改善人们的膳食结构。它也是一种生长快、繁殖力强、能再生的生物资源，是人类新食物原料的自然宝库。野菜必将被大力开发，成为新世纪绿食家族中的一员。

# 银杏

## 祛疾止咳，消毒杀虫

中医认为，银杏具有敛肺气、定喘嗽、止带浊、缩小便、消毒杀虫的功效。其所含的莽草酸、银杏双黄酮、异银杏双黄酮、甾醇等，可有效治疗高血压及冠心病、心绞痛、脑血管痉挛等症。

分布情况一览：
山东、浙江、安徽、福建、江西、河北、河南、湖北、江苏等地。
人群宜忌：
肺病咳嗽、老人虚弱体质的哮喘患者宜食。

叶互生，在长枝上辐射状散生，有细长的叶柄，扇形，两面淡绿色。

幼树皮浅灰色，大树之皮灰褐色，不规则纵裂。

种子核果状，具长梗，椭圆形、长圆状倒卵形、卵圆形或近球形。

### 食用方法

主要用于炒食、烤食、煮食、配菜、糕点、蜜饯、罐头、饮料和酒类，还可泡茶饮。银杏内含有氢氰酸毒素，毒性很强，遇热后毒性减小，故生食更易中毒。不宜多吃，更不宜生吃银杏。

### 营养成分
（以100g为例）

| | |
|---|---|
| 脂肪 | 2.4g |
| 蔗糖 | 52g |
| 蛋白质 | 6.4g |
| 粗纤维 | 1.2g |
| 碳水化合物 | 36g |

### 养生食谱

#### 白果瘦肉粥

原料：大米、猪瘦肉各50克，银杏、玉米粒、红枣各10克，盐、葱花各少许。
制作：1.玉米粒洗净；猪瘦肉洗净，切丝；红枣洗净，切碎；大米淘净泡好；银杏去外壳，取心。2.锅注水下入所以原料煮成粥，加盐、葱花稍煮即可。
功效：此粥有定喘咳、润肺平喘之效。

**小贴士：**
银杏种仁特别是胚和子叶中含少量银杏酸、银杏酚和银杏醇等有毒物质，生食或熟食过量会引起中毒。中毒症状因人而异，轻者表现为全身不适、嗜睡，重者表现为呕吐、嘴唇青紫、恶心、呼吸困难等。

# 商陆

## 泻下利水，解毒散结

中医认为，商陆味苦，性寒，具有逐水消肿、通利二便、泻下利水、消除痈肿、解毒散结的功效。煎剂内服可治疗水肿胀满、二便不通、瘰疬、疮毒等，捣烂外敷用于治疗痈肿等。

分布情况一览：
河南、安徽、湖北。
适用人群：
一般人群皆可食用，脾虚水肿、胃气虚弱者忌食，孕妇慎食。

浆果扁球形，通常由8个分果组成，熟时紫黑色，果序直立。

总状花序顶生或侧生，卵形或长方状椭圆形，初白色，后变淡红色。

茎直立，多分枝，绿色或紫红色，具纵沟。

叶互生，椭圆形或卵状椭圆形，先端急尖，基部楔形下延，全缘，侧脉羽状。

### 食用方法

挖取后，除去茎叶、须根及泥土，洗净，横切或纵切成片块，晒干或阴干。生用或醋炙用。嫩茎叶经沸水焯熟后用清水浸泡，可凉拌、炒食，也可炖汤食用，味道鲜美。

### 营养成分

| 蛋白质 | 脂肪 |
|---|---|
| 多糖 | 硝酸钾 |
| 皂甙 | 商陆碱 |
| 淀粉 | |

### 药典精要

《别录》："疗胸中邪气，水肿，痿痹，腹满洪直，疏五脏，散水气。"
《药性论》："能泻十种水病；喉痹不通，薄切醋熬，喉肿处外薄之瘥。"
《千金方》："商陆根捣炙，布裹熨之，冷即易之，治疮伤水毒，主水肿胀满，二便不通，瘰疬，疮毒。"

实用偏方：
【淋巴结结核】商陆15克，加红糖、水煎服。
【跌打】商陆研末，调热酒擂跌打青黑之处，再贴膏药更好。
【温气脚软】用商陆根切成小豆大，先煮熟，再加绿豆同煮成饭，每日进食，病愈为止。

# 红蓼

## 祛风除湿，清热解毒

　　红蓼味辛，性平，具有活血、止痛、利尿、祛风除湿、清热解毒、活血、截疟等功效。主治风痹痛、痢疾、腹泻、吐泻转筋、水肿、脚气、痈疮疔疖、蛇虫咬伤、小儿疳积、疝气、跌打损伤、疟疾等。

分布情况一览：
除西藏外，广布全国。
特殊用处：
红蓼的茎、叶、花适于观赏，可以将它种植在庭院、墙根、水沟旁，点缀人们不涉足的角落。

瘦果近圆形，双凹，黑褐色，有光泽，包于宿存花被内。

总状花序呈穗状，顶生或腋生，花被 5 深裂，淡红色或白色。

茎直立，粗壮，上部多分枝，密被开展处的长柔毛。

叶呈宽卵形、宽椭圆形或卵状披针形。

## 食用方法

嫩叶洗净，用沸水焯熟后在水中浸泡一会儿以去除异味，然后加入调料凉拌食用，也可以蒸熟食用，或与其他菜品一起炒食，也可与肉类一起炖汤食用。

## 营养成分

| 灰分 | 烟酸 |
| --- | --- |
| 热量 | 维生素C |
| 硫胺素 | 胡萝卜素 |
| 碳水化合物 | |

## 药典精要

《新疆中草药手册》"健脾利湿，清热明目。治慢性肝炎，肝硬化腹水，颈淋巴结核，脾肿大，消化不良，腹胀胃痛，小儿食积，结膜炎。"
《药材学》："清肺化痰，利水祛湿。治咳嗽喘咳，大小便不利，麻疹不透。"
《滇南本草》："破血，治小儿痞块积聚，消年深坚积，疗妇人石瘕症。"

实用偏方：
【横痃】红蓼100克，红糖25克，捣烂热敷，日换1次。
【胃脘血气作痛】红蓼10克，加适量水煎煮取汁饮服。
【心气疙痛】红蓼花10克，研末，用热酒温服。

# 益母草

## 活血调经，消水祛淤

益母草全株可入药，具有活血、祛淤、调经、消水的功效。煎剂内服主要用于治疗女性月经不调、胎漏难产、胞衣不下、产后血晕、淤血腹痛、崩中漏下、尿血、泻血、痈肿疮疡等症。

分布情况一览：
全国各地均有分布。

适用人群：
一般人群皆可食用，孕妇禁用，无淤滞及阴虚血少者忌用。

叶轮廓变化很大，茎下部叶轮廓为卵形，基部宽楔形。

茎直立，钝四棱形，表面有倒向糙伏毛。

坚果长圆状三棱形，顶端截平而略宽大，基部楔形，淡褐色，光滑。

轮伞花序腋生，轮廓圆球形，花冠粉红至淡紫红色。

## 食用方法

在夏季生长茂盛花未全开时采摘嫩茎叶，用清水洗净，然后放入开水中略微焯一下，用清水漂洗干净，捞出后可凉拌，或与其他菜品一起炒食，也可炖汤食用。

### 营养成分

| 蛋白质 | 热量 |
|---|---|
| 矿质元素 | 脂肪酸 |
| 矿质元素 | 氨基酸 |
| 碳水化合物 | |

## 药典精要

《唐本草》："敷丁肿，服汁使丁肿毒内消；主产后胀闷；诸杂毒肿"
《本草拾遗》："捣苗，敷乳痈恶肿痛者；捣苗绞汁服，主浮肿下水，毒肿。"
《纲目》："活血，破血，调经，解毒。治胎漏产难，胎衣不下，血晕，血风，血痛，崩中漏下，尿血，泻血，痢，疝，痔疾，打扑内损淤血，大便、小便不通。"

实用偏方：
【闭经】益母草、乌豆、红糖各50克，老酒50毫升，煎服。
【淤血块结】益母草50克，加水、酒各半煎煮滤渣饮服。
【痛经】益母草25克，元胡索10克，煎煮后滤渣饮服。

第七章　其他类野菜

# 紫花地丁

## 清热解毒，凉血消肿

中医认为其性寒，味微苦，具有清热解毒，具有凉血消肿的功效。煎剂内服主治黄疸、痢疾、乳腺炎、目赤肿痛、咽炎等症；捣烂外敷治跌打损伤、痈肿、毒蛇咬伤等。其所含黄酮甙类及有机酸有较强的抑菌作用。

分布情况一览：
黑龙江、吉林、辽宁、内蒙古、河北、山西、陕西、甘肃等地。

人群宜忌：
风寒感冒、病毒感冒、肠炎患者宜食。

花中等大，紫堇色或淡紫色，喉部色较淡并带有紫色条纹。

多年生草本，无地上茎，根茎短，淡褐色，有数条淡褐色或近白色细根。

叶莲座状，呈长圆形、狭卵状披针形或长圆状卵形，边缘具较平圆齿，两面无毛或被细短毛。

## 食用方法

春秋季采摘嫩茎叶，用清水洗干净，然后放入水中略微焯一下，捞出后可凉拌，或与其他菜品一起炒食，也可与肉类一起炖汤。味道鲜美，具有清热解毒，杀菌抑菌的功效。

### 营养成分

| 甙类 | 黄酮类 |
|---|---|
| 蜡 | 蜡酸 |
| 有机酸 | 糖类 |
| 氨基酸 | 多肽 |
| 蛋白质 | 皂甙 |
| 植物甾醇 | 鞣质 |

## 药典精要

《要药分剂》："紫花地丁，《本草纲目》止疗外科症，但古人每用治黄疸、喉痹，取其泻热除湿之功也；大方家亦不可轻弃。"

《本经逢原》："地丁，有紫花白花两种。治疗肿恶疮，兼疗痈疽发背，无名肿毒。其花紫者茎白，白者茎紫，故可通治疗肿，或云随疗肿之色而用之。"

实用偏方：
【褥疮】蒲公英50克、地丁50克、银花50克、罂粟壳5克、赤石脂40克，将五味药材研成粉末，用50度的白酒适量，调成糊状，平敷患处。

# 附地菜

## 温中健胃，消肿止痛

附地菜味甘、辛，性温，具有温中健胃、消肿止痛、止血的功效。用于胃痛、吐酸、吐血，外用治跌打损伤、骨折。附地菜、旱莲草、细辛等分，为末，每日外擦，可治风热牙痛、浮肿、元脏气虚、小儿疳蚀。

分布情况一览：
西藏、云南、广西、江西、甘肃、内蒙古以及东北地区。
适用人群：
一般人群皆可食用，孕妇不宜食用。

茎通常多条丛生，稀单一，密集，铺散。

聚伞花序成总状，顶生，幼时卷曲，后渐次伸长。

基生叶呈莲座状，有叶柄，叶片匙形，茎上部叶长圆形或椭圆形。

## 食用方法

全株幼嫩茎叶可食，味道鲜美。用沸水炒熟后可凉拌，也可炒食，还可炖汤。经常食用的菜谱有附地菜炒肉丝、附地菜鸡蛋汤等。常吃有温中健胃、消肿止痛的功效。

## 营养成分

| 钠 | 铜 |
|---|---|
| 多糖 | 钙 |
| 粗纤维 | 灰分 |
| 粗脂肪 | 粗蛋白 |
| 维生素C | |

## 药典精要

《别录》："主毒肿，止小便利。"
《药性论》："洗手足水烂，主遗尿。"
《孟诜》："作灰和盐，疗一切疮，及风丹遍身如枣大痒痛者，捣封上，日五、六易之；亦可生食，煮作菜食益人，去脂膏毒气；又烧敷疳匿；亦疗小儿赤白痢，可取汁一合，和蜜服之。"
《纲目》："微辛苦，平，无毒。"

实用偏方：
【肿毒】附地菜一把、穿山甲3克、当归尾15克，捣烂，加酒一碗，绞汁服，以渣敷患处。
【脾寒疟疾】附地菜一把，捣取汁半碗，加酒半碗服下。
【痰喘】用附地菜左杨汁，和酒服。

# 水蓼

## 散淤止血，祛风止痒

中医认为，水蓼味辛，性平。具有行滞化湿、散淤止血、祛风止痒的功效。主治湿滞内阻、脘闷腹痛、泄泻、痢疾、小儿疳积、崩漏、血滞经闭痛经、跌打损伤、风湿痹痛、便血、外伤出血、皮肤瘙痒等症。

分布情况一览：

全国各地均有分布。

适用人群：

一般人群皆可食用。蓼叶适宜与大麦面混合，但水蓼不可过多食用，不可与生鱼一起食用。

穗状花序腋生或顶生，淡绿色或淡红色。

瘦果卵形，扁平，表面有小点，黑色无光，包在宿存的花被内。

叶互生，披针形成椭圆状披针形。

茎红紫色，无毛，节通常膨大。

## 食用方法

早春采集嫩茎叶用沸水焯熟后在水中浸泡一会儿以去除异味，可以炒食、加入调料凉拌或者和面蒸食，也可与肉类一起炖汤食用。与大麦面一起食用，清热解毒，散淤止血效果更好。

## 营养成分

| | |
|---|---|
| 水蓼酮 | 水蓼素 |
| 槲皮素 | 槲皮貳 |
| 香草酸 | 丁香酸 |
| 草木樨酸 | 龙胆酸 |
| 槲皮黄貳 | 金丝桃貳 |

## 药典精要

《唐本草》："主被蛇伤，捣敷之；绞汁服，止蛇毒入腹心闷；水煮渍脚捋之，消脚气肿。"

《本草拾遗》："蓼叶，主疬癣，每日取一握煮服之；又霍乱传筋，多取煮汤及热捋脚；叶捣敷狐刺疮；亦主小儿头疮。"

《常用中草药手册》："利湿消滞，杀虫止痒。治菌痢、肠炎、风湿痛等症"

实用偏方：

【霍乱不吐，四肢烦】水蓼、香薷各100克，以水适量，煎服。

【风寒太热】水蓼、淡竹叶、姜茅草，煎服。

【小儿疳积】水蓼全草15克，麦芽20克。水煎，早晚饭前分2次饮服。

# 夏枯草

## 清肝散结，利尿止痛

夏枯草具有清肝、散结、利尿的功效，主治瘰病、乳痈、黄疸、淋病、高血压、淋巴结核、甲状腺肿大、瘰疬、瘿瘤、乳癌、目珠夜痛、畏光流泪、头目眩晕、口眼歪斜、筋骨疼痛、肺结核、心气欲绝等症。

分布情况一览：
全国各地均有分布。

适用人群：
一般人群皆可食用。脾胃虚弱者慎服。长期大量服用有副作用，会使人体对药物产生抗药性。

叶卵状长圆形、狭卵状长圆形或卵圆形。

花为轮伞花序密集组成顶生的假穗状花序，花冠紫色、蓝色或红紫色。

匍匐茎，节上长有须根。茎四棱形直立，绿色或紫色，多自根茎分枝，散生具节硬毛或近无毛。

## 食用方法

5~6月采食嫩叶，在沸水中焯熟后可凉拌、炒食、熬粥、煮汤，也可用来泡酒。夏季用夏枯草煮汤，可以补充人体由于天热出汗而流失的钾。夏枯草性寒，不宜长期大量服用。

### 营养成分

| 蛋白质 | 脂肪 |
|---|---|
| 碳水化合物 | 胡萝卜素 |
| 维生素C | 皂贰 |
| 芦丁 | 夏枯草贰 |
| 金丝桃贰 | 挥发油 |

## 药典精要

《滇南本草》："祛肝风，行经络，治口眼歪斜。行肝气，解肝郁，止筋骨疼痛、目珠痛，散瘰窃、周身结核。"
《现代实用中药》："为利尿药，对淋病、子宫病有效；并能治高血压、肺结核，能使血压下降。"
《科学的民间药草》："有利尿杀菌作用。煎剂可洗创口，治化脓性外伤。"

实用偏方：
【口眼歪斜】钓钩藤、夏枯草各5克，胆南星2克，防风15克，水煎，临卧时服。
【小儿菌痢】2岁以下，夏枯草、半枝莲各25克；2~6岁，夏枯草、半枝莲各50克；加水煎服。

第七章 其他类野菜

# 大车前

## 续筋接骨，消炎止咳

大车前全株可入药，其种子有利水通淋、清热解毒、清肝明目、祛痰止泻的功效。叶子鲜食可疗治口腔炎。全株煎剂内服可治疗小便不通、淋浊、带下、尿血、黄疸、浮肿、热痢泄泻、鼻衄、目赤肿痛、喉痛、咳嗽、皮肤溃疡。

分布情况一览：
黑龙江、吉林、辽宁、内蒙古、河北、山西、陕西、甘肃等地。
人群宜忌：
高血压、痢疾、感冒患者宜食。

花无梗，花冠白色，花药椭圆形。

种子卵形、椭圆形或菱形，具角，腹面隆起或近平坦，黄褐色。

叶基生，叶片草质、薄纸质或纸质，宽卵形至宽椭圆形。

须根多数，根茎粗短。

### 食用方法

4、5月采摘嫩茎叶，先用沸水烫软，再用清水泡几个小时以去除异味，捞出沥干。可凉拌、炒食、做馅、做汤或与面食一起蒸，味道鲜美，清爽可口。

### 营养成分

| 碳水化合物 | 脂肪 |
|---|---|
| 卵白质 | 磷 |
| 胡萝卜素 | 铁 |
| 维生素C | 胆碱 |
| 钾盐 | 草酸 |

## 药典精要

《本草经疏》："内伤劳倦、阳气下陷之病，肾虚精滑及内无湿热者，皆不当用，肾气虚脱者，忌与淡渗药同用。"
《本草汇言》："肾虚寒者尤宜忌之。"
《湖南药物志》："车前四钱，铁马鞭二钱，共捣烂，冲凉水服。治泄泻。"
《本草图经》："车前叶生研，水解饮之。治衄血。"

实用偏方：
【尿血】车前捣绞，取汁，空腹服之。车前、地骨皮、旱莲草各15克，汤炖服。
【白带】车前根15克捣烂，糯米淘米水兑服。
【小便不通】车前500克，水1500毫升，煎取750毫升，分三服。

# 鸭舌草

## 清热解毒，消炎止痢

　　中医认为味苦，性凉，具有清热解毒的功效。煎剂内服可治痢疾、咯血、吐血、崩漏、尿血、肠炎、急性扁桃体炎、丹毒、疔疮、感冒高热、肺热咳喘、百日咳、热淋、肠痈、咽喉肿痛、牙龈肿痛、风火赤眼、毒菇中毒。

分布情况一览：
西南、中南、华东、华北等地。
适用人群：
一般人群皆可食用，尤适宜肠炎、急性扁桃体炎、疔疮丹毒患者。

花序梗短，基部有一篇披针形苞片。

叶基生或茎生，叶片形状和大小变化较大，由心形、宽卵形、长卵形至披针形。

根状茎极短，具柔软须根，茎直立或斜上。

## 食用方法

夏秋季节采摘嫩茎叶后，用清水洗干净，然后放入开水中略微焯一下，捞出沥干。可加入调料凉拌，也可与其他菜品一起炒食，或与肉类一起炖汤，都很好吃。

### 营养成分
（以100g为例）

|  |  |
| --- | --- |
| 蛋白质 | 0.6g |
| 脂肪 | 0.1g |
| 纤维素 | 0.6g |
| 钙 | 40mg |
| 磷 | 80mg |

## 药典精要

《南宁市药物志》："清热，解毒。治暴热及丹毒，外敷治肿疮，蛇咬。"
《草药手册》："治痢疾，肠炎，齿龈脓中，急性扁桃体炎，喉痛。"
《陕西中草药》："止痛，离骨。治牙科疾患，牙龈肿痛。"
《唐本草》："主暴热喘息，小儿丹肿，肺热咳嗽，咯血吐血。"

实用偏方：
【丹毒、痈肿、疔疮】鲜少花鸭舌草适量。捣烂敷患处。
【赤白痢疾】鸭舌草适量，晒干，每日泡茶服，连服3~4日。
【吐血】鸭舌草75克，炖猪瘦肉服食。

第七章　其他类野菜

# 仙人掌

## 行血活气，清热解毒

仙人掌全株去刺可入药，具有健胃补脾、清咽润肺、养颜护肤的功效。煎剂内服主治心胃气痛、痞块、痢疾、痔血、咳嗽、喉痛、肺痛、乳痛、疔疮、烫伤、蛇伤。捣烂外用治疗流行性腮腺炎。

分布情况一览：

浙江、江西、福建、广西、四川、贵州、云南。

特殊用处：

盆栽仙人掌形态多样，适宜观赏。

花辐状，花托倒卵形，花黄色。

浆果倒卵球形，顶端凹陷，基部少狭缩成柄状。

叶钻形，绿色，早落。

茎下部稍木质，近圆柱形，上部肉质，扁平，绿色。

## 食用方法

仙人掌的嫩茎可以当作蔬菜食用，可直接与菜品一起炒食，如仙人掌炒肉丝、仙人掌炒鸡蛋等，也可与肉类一起炖汤。果实成熟后可直接食用，是一种口感清甜的水果。

## 营养成分

| | |
|---|---|
| 维生素C | 铁 |
| 蛋白质 | 抱壁莲 |
| 维生素A | 角蒂仙 |
| 玉芙蓉钙 | |

## 药典精要

《草木便方》："仙人掌味苦、涩，性寒，五痔泻血治不难，小儿白秃麻油擦，虫疮疥癞洗安然。"

《闽东本草》："能去痰，解肠毒，健胃，止痛，滋补，舒筋活络，凉血止痛，疗伤止血。治肠风痔漏下血、肺痛、胃病，跌打损伤。"

实用偏方：

【胃痛】仙人掌研末，每次5克，开水吞服；或用仙人掌50克，切细，和牛肉100克炒吃。

【支气管哮喘】仙人掌茎，去皮和棘刺，蘸蜂蜜适量熬服。每日1次，服药为本人手掌之1/2大小。症状消失即停药。

# 苍耳子

## 散风除湿，通窍止痛

　　中医认为，苍耳子味苦，性温，具有散风除湿、通窍止痛的功效，煎剂内服主治风寒头痛、鼻渊头痛、风湿痹痛、四肢拘挛、风疹瘙痒、疥癣麻风。也可以捣碎生用，可消风止痒。苍耳子还具有降压、抗炎镇咳、降血糖的作用。

分布情况一览：
山东、江西、湖北、江苏、河南。
特殊用处：
可以用来榨油，又可做油墨、肥皂的原料，还可制硬化油、润滑油。

成熟具瘦果的总苞变墅坚硬，卵形或椭圆形。

茎直立不分枝或少有分枝，下部圆柱形，上部有纵沟，被灰白糙伏毛。

叶互生，有长柄，先尖或钝，基出三脉，上面绿色，下面苍白色，被粗糙或短白伏毛。

## 食用方法

嫩茎叶洗净后用沸水焯熟，然后放水中浸泡一会儿以去除苦味，可凉拌、炒食，或与肉类炖食。苍耳的茎叶中皆有对神经及肌肉有毒的物质，食用时需要注意。

### 营养成分

| | |
|---|---|
| 苍耳子甙 | 树脂 |
| 脂肪油 | 生物碱 |
| 维生素C | 色素 |
| 亚油酸 | 油酸 |
| 棕榈酸 | 硬脂酸 |

## 药典精要

《本经》："主风头寒痛，风湿周痹，四肢拘挛痛，恶肉死肌。"
《本草蒙筌》："止头痛善通顶门，追风毒任在骨髓，杀疳虫湿匿。"
《本草备要》："善发汗，散风湿，上通脑顶，下行足膝，外达皮肤。治头痛，目暗，齿痛，鼻渊，去刺。"

实用偏方：
【妇人风瘙瘾疹，身痒不止】苍耳花、叶、子等分，捣细罗为末。每服10克，豆淋酒调服。
【鼻流浊涕不止】辛夷25克，苍耳子10克，香白芷50克，薄荷叶2克。上并晒干研末。每服10克，以茶调服。

第七章　其他类野菜

# 毛木耳

## 滋阴强壮，清肺益气

中医认为，毛木耳味甘，性平，具有滋阴强壮、清肺益气、补血活血、止血止痛等功用。主治气血两亏，肺虚咳嗽，咳嗽，咯血、吐血、衄血、崩漏及痔疮出血等。绒毛中含丰富多糖，有防癌抗癌作用。

### 小档案
性味：味甘，性平。
习性：在温暖潮湿季节丛生于枯枝干上。
繁殖方式：菌种。
采食时间：冬养菌，春出耳；夏养菌，秋出耳。
食用部位：子实体。

### 饮食宜忌
出血性疾病患者及肠胃功能较弱者忌食。

### 食用方法
可凉拌、清炒、烧汤。

### 分布情况一览
河北、山西、内蒙古、黑龙江、江苏、安徽、浙江、江西、福建。

子实体胶质，浅圆盘形、耳形成不规则形。

无柄基部稍皱，新鲜时软，干后收缩。

子实层生里面，平滑或稍有皱纹，紫灰色，后变黑色。

# 银耳

## 滋补生津，润肺养胃

银耳具有强精补肾、润肠健胃、补气和血、强心壮体、补脑提神、美容护肤、延年益寿的功效。它能提高肝脏解毒能力，增强机体抗肿瘤的免疫能力，增强肿瘤患者对放疗、化疗的耐受力。

### 小档案
性味：味微甘、淡，性平。
习性：夏秋季生于阔叶树腐木上。
繁殖方式：菌种。
采食时间：春秋。
食用部位：子实体。

### 食用方法
泡发后应去掉未开发的部分，可凉拌或与其他食材一同煮汤、做甜品等。

### 分布情况一览
四川、浙江、福建、江苏、江西、安徽、台湾、湖北、海南、湖南、广东、广西、贵州、云南、陕西、甘肃。

担子近球形或近卵圆形，纵向分隔。

子实体纯白至乳白色，柔软洁白，半透明，富有弹性，干后收缩，角质，硬而脆，白色或米黄色。

## 清热解毒，消肿祛淤

芒萁的根茎及叶可治冻伤，且一年四季都能采集利用。具有清热解毒、祛淤消肿、散淤止血的功效。主治痔疮、血崩、鼻衄、小儿高热、跌打损伤、痈肿、风湿搔痒、毒蛇咬伤、烧烫伤，外伤出血。

# 芒萁

### 小档案

性味：味微甘、淡，性平。
习性：喜酸性土壤，生于林、果园、茶园、路埂。
繁殖方式：孢子繁殖、分株繁殖。
采食时间：四季可采。
食用部位：嫩茎叶。

### 食用方法

嫩茎叶用沸水焯熟后可凉拌或炒食，还可制成干菜。

### 分布情况一览

江苏、浙江、江西、安徽、湖北、湖南、贵州、四川、福建、台湾、广东。

叶为纸质，上面黄绿色或绿色，下面灰白色。叶远生，叶柄褐棕色，无毛。

根状茎横走，细长，褐棕色，被棕色鳞片及根。

## 清热利尿，消炎抑菌

中医认为，扁蓄蓼味苦、性平，具有利尿通淋、抗菌消炎的作用，煎剂内服主治膀胱热淋、小便短赤、淋漓涩痛、皮肤湿疹、阴痒带下等症。与其他中药配用，可治尿道炎、膀胱炎、急性肾炎及疔癣疮疡等。

# 扁蓄蓼

### 小档案

性味：味苦，性平。
习性：适应寒冷、干旱气候，生于荒地、路旁及何边沙地上。
繁殖方式：种子。
采食时间：2~7月采食嫩叶，夏季采集地上部分。
食用部位：嫩叶可食。

### 饮食宜忌

一般人群皆可食用，孕妇慎食。

### 食用方法

嫩叶可以炒食、凉拌，或者与面粉混合蒸食，还可以制成干菜。

### 分布情况一览

全国各地均有分布。

叶柄短，叶片狭椭圆形、长圆形、长圆状倒卵形、线状披针形或线形，灰绿色。

茎伏卧或直立，微有棱，枝直立。

第七章·其他类野菜

# 蚕茧草

## 抗毒利尿，保护肝脏

预防治疗脑血栓、脑出血、肾功能衰竭。可利尿，抗病毒、抗菌，抑制血小板积聚防止血栓形成，消除面斑，抗衰防皱。能提高免疫力，延缓衰老，扶正固本，保护心脏、肝脏。能提高肝脏解毒能力，起护肝作用。

### 小档案

性味：味甘，性平。
习性：生于水沟边、山坡、湿润地。
繁殖方式：孢子。
采食时间：春夏。
食用部位：嫩茎叶。

### 饮食宜忌

适宜肾亏体亏者、中老年体弱者、抵抗力低下者、白领人群。

### 食用方法

嫩茎叶放入开水中略微焯一下，捞出后可凉拌、炒菜。

### 分布情况一览

江苏、安徽、浙江、福建、四川、湖北等。

穗状花序，苞片有缘毛，花为白色或淡红色。

叶披针形，先端尖。

茎棕褐色，单一或分枝，节部膨大。

# 活血丹

## 利湿通淋，清热解毒

中医认为，活血丹具有利湿通淋、清热解毒、散淤消肿等功效。主治妇人脾血久冷，诸般风邪湿毒之气留滞经络、流注脚手、筋脉拳挛、行步艰辛、腰腿沉重、胁腹膨胀、胸膈痞闷、不思饮食、冲心闷乱、浑身疼痛等症。

### 小档案

性味：味辛，性凉。
习性：喜光。
繁殖方式：种子。
采食时间：4~5月采收全草。
食用部位：嫩芽叶。

### 饮食宜忌

孕妇和哺乳妇女应禁食，食用过多有可能引起恶心及眩晕。

### 食用方法

嫩芽叶放入开水中略微焯一下，捞出后可凉拌、炒菜。

### 分布情况一览

除甘肃、青海、新疆及西藏外，其他地区均有分布。

花冠淡蓝、蓝至紫色，下唇具有深色斑点。

叶草质，下部者较小，叶片心形或近肾形。

茎四棱形，基部通常呈淡紫红色，几无毛，幼嫩部分被疏长柔毛。

水苦荬

### 小档案

性味：味苦，性凉。

习性：喜生于水边及沼地。

繁殖方式：种子。

采食时间：春季采食嫩叶，春夏季采收全草入药。

食用部位：嫩叶可食，全草入药。

### 食用方法

春季采集嫩叶用热水焯熟，然后换水浸洗干净以去除苦味，加入油盐调拌食用，也可炒食。

### 分布情况一览

分布于长江以北及西南地区。

## 活血止血，解毒消肿

中医认为，水苦荬具有活血止血、解毒消肿的功效。煎剂内服常用于治疗咽喉肿痛、肺结核咯血、风湿疼痛、月经不调、血小板减少性紫癜、跌打损伤等症。捣烂外用治骨折、痈疖肿毒。

总状花序腋生，花冠淡紫色或白色，具淡紫色的线条。

叶对生，长圆状披针形或者呈长圆状卵圆。

丝石竹

### 小档案

性味：味辛，性平。

习性：喜欢在温暖湿润和阳光充足的环境中成长，较耐阴，耐寒耐旱。

繁殖方式：种子。

采食时间：春季采集嫩茎叶，初夏采花。

食用部位：嫩茎叶可食，全草入药。

### 食用方法

采集嫩茎叶用热水焯熟，然后换水浸洗干净，加入油盐调拌食用，也可以炒食或腌制泡菜。

### 分布情况一览

分布于甘肃、山西、河南等。

## 清热利尿，化痰止咳

中医认为，丝石竹味辛，性平，具有清热利尿、化痰止咳、消水去肿的功效。用于急性黄疸型肝炎、急性肾炎、百日咳、尿路结石、脚癣、带状疱疹、结膜炎、丹毒、水肿、胸胁满闷、小便不利。

单一伞形花序，腋生，具花梗，花白绿色或带粉红色。

茎匍匐地面，节处生根，光滑无毛。

第七章 其他类野菜

# 遏蓝菜

## 消炎解毒，利水止痛

遏蓝菜全株药用，可治消化不良、肝硬化腹水、肾炎水肿、子宫内膜炎、带下、疖疮痈肿、阑尾炎、肺脓肿、丹毒。遏蓝菜的子可治目赤肿痛，迎风流泪，风湿性关节痛，腰痛，肝炎，衄血。

**小档案**

性味：味辛、微苦，性温。
习性：常生于山坡、草地、路旁、田边。
繁殖方式：种子。
采食时间：春季采幼苗及嫩茎叶，夏季采全草及种子。
食用部位：苗叶可食，全草及种子入药。

**食用方法**

采集嫩苗叶用沸水焯熟，换水浸泡，以去除酸辣味，加入油盐调拌食用，也可炒食或炖汤。

**分布情况一览**

全国各地均有分布。

总状花序顶生或腋生，花小，白色，近椭圆形。

种子倒卵形，细小，常常有白色种柄。

茎不分枝、少分枝。

# 大刺儿菜

## 凉血止血，散淤消肿

大刺儿菜味甘，性凉，具有凉血止血、散淤消肿的功效。主治吐血、鼻出血、尿血、子宫出血、黄疸、疮痈。鲜大蓟根捣烂绞取汁液服，或沸水冲服，用于血热所致的衄血、吐血、便血，或血热所致的月经先期、月经过多。

**小档案**

性味：味甘，性凉。
习性：多见于农田、路旁或荒地。
繁殖方式：种子。
采食时间：夏季采叶食用，夏秋季采地上部分入药。
食用部位：嫩茎叶。

**饮食宜忌**

脾虚胃寒、无淤滞、血虚极者忌服。

**食用方法**

采集嫩茎叶焯熟，用清水浸泡洗净，去掉苦味，以油盐调拌。

**分布情况一览**

华北、东北，以及陕西、河南等地。

头状花序大，单生或数个聚生枝端，花红色。

叶互生，基部叶具柄，上部叶基部抱茎，叶片羽状分裂有刺。

# 花椒叶

## 驱虫健胃，治蛔虫病

花椒叶味辛，性热，主治寒积、霍乱转筋、脚气、漆疮、疥疮等。有止痛、杀虫作用，可防治脘腹冷痛、吐泻、蛔虫病、水肿和小便不利等。花椒子可除各种肉类的腥气，促进唾液分泌，增加食欲，可使血管扩张，从而起到降低血压的作用。

### 小档案

性味：味辛，性热。
习性：抗旱性较强，不宜栽植在低洼。
繁殖方式：种子。
采食时间：春季采嫩叶，秋末冬初采果，四季采根、叶。
食用部位：花椒叶和果实可食用。

### 食用方法

嫩叶焯熟后浸洗干净，加入油盐凉拌，有一股特殊的味道，种子可作为香料，炖菜时用来调味。

### 分布情况一览

长江以南及河南、河北等地。

蓇葖果成熟后红色或紫色。

奇数羽状复叶互生，小叶卵圆形、卵状长圆形。

# 黄鹌菜

## 清热解毒，利尿消肿

黄鹌菜全草入药，具有清热解毒、利尿消肿、止痛的功效。煎剂内服可辅助治疗感冒、咽痛、眼结膜炎、乳痈、牙痛、疮疖肿毒、痢疾、肝硬化腹水、急性肾炎、淋浊、血尿、白带、风湿关节炎等症。

### 小档案

性味：味甘，性凉。
习性：生于农田、果园、地埂、路边。
繁殖方式：种子。
采食时间：春季采嫩苗叶，四季可采全草及根。
食用部位：幼芽、嫩茎叶、花蕾都可食用，全草或根入药。

### 食用方法

采集嫩苗叶用热水焯熟，换水浸洗干净，加入油盐调拌食用。

### 分布情况一览

北京、陕西、甘肃、山东、江苏、安徽、浙江、江西、福建、河南、湖北、湖南。

头花序少数或多数在茎枝顶端排成伞房花序，花序梗细。

基生叶全形倒披针形、椭圆形、长椭圆形或宽线形。

# 茵陈蒿

## 清热解毒，消炎祛湿

中医认为茵陈蒿味苦辛，性凉，嫩枝、叶用于感冒发热、惊风、黄疸型肝炎、神志昏迷、尿路结石。幼苗治热肿、喉症、肺病、支气管炎。叶治肝胆湿热、全身黄染、午后潮热、湿疹瘙痒。

### 小档案

性味：味苦辛，性凉。

习性：生于低海拔地区河岸、海岸附近的湿润沙地、路旁及低山坡地区。

繁殖方式：种子。

采食时间：春季。

食用部位：嫩叶。

### 食用方法

采集嫩茎叶用热水焯熟，然后换水清洗干净，加入油盐调拌食用，也可炒食。

### 分布情况一览

辽宁、河北、陕西、山东、江苏、安徽、浙江、江西、福建、台湾、河南、湖北。

头状花序卵球形，稀近球形，多数。

根茎直径，单生或少数，红褐色或褐色，有不明显纵棱。

# 野慈姑

## 解毒疗疮，清热利胆

野慈姑具有解毒疗疮、清热利胆、防癌抗癌、散热消结、强心润肺的功效，主治黄疸、瘰疬、肿块疮疖、心悸心慌、水肿、肺热咳嗽、喘促气憋、排尿不利、蛇咬伤等病症。野慈姑、倒触伞各50克，煨水服，可治小儿黄疸病。

### 小档案

性味：味辛甘，性寒。

习性：慈姑喜温暖湿润环境喜光，喜在水肥充足的沟渠及浅水中生长。

繁殖方式：分球。

采食时间：春夏。

食用部位：长瓣野慈姑的全草。

### 饮食宜忌

孕妇、便秘者少食用。

### 食用方法

采摘后用清水洗干净，然后放入开水中略微焯一下，捞出后可凉拌、炒菜。

### 分布情况一览

全国各地均有分布。

总状花序或圆锥形花序，花白色，雌雄同株。

根状茎横生比较粗壮，顶端膨大成球茎状。

# 鸭跖草

## 消肿利尿，清热解毒

鸭跖草味甘，性寒，具有消肿利尿、清热解毒的功效，对麦粒肿、咽炎、扁桃体炎、宫颈糜烂、腹蛇咬伤有良好疗效。用于感冒发热、丹毒、痄腮、黄疸、咽喉肿痛、淋证、水肿、痈疽疔毒。

### 小档案

性味：味甘淡，性寒。

习性：喜温暖湿润气候，耐寒，可在阴湿的田边、溪边、村前屋后种植。

繁殖方式：分株、扦插、压条。

采食时间：春季。

食用部位：嫩茎叶。

### 食用方法

春季采集嫩叶凉拌、做汤或者炒食都可以，叶可以制成干菜。如红油竹节菜、竹节菜炒鱼肉丝等。

### 分布情况一览

全国各地均有分布。

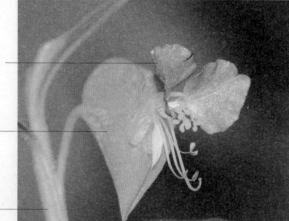

聚花序顶生或腋生，雌雄同株。

叶互生，带肉质，卵状披针形。

茎圆柱形，肉质，下部茎匍匐状。

# 吊灯花

## 清热解毒，滋补身体

中医认为吊灯花味酸，性平，具有清热解毒、滋补身体、调理体质的功效。吊灯花全草、马兰头各适量，捣烂敷患处，可治疗无名肿毒。骨折后可用吊灯花全草、紫草、见血飞各等量，捣烂敷患处。

### 小档案

性味：味酸，性平。

习性：喜高温，不耐寒，不耐阴，喜肥沃，宜在肥沃、排水良好的土壤中生长。

繁殖方式：扦插。

采食时间：夏、秋季采收。

食用部位：全草。

### 饮食宜忌

一般人群皆可食用，孕妇慎服。

### 食用方法

加水煎煮，内服，可缓解积食状况。

### 分布情况一览

广西、广东、湖南、四川。

叶对生，膜质，长圆状披针形。

茎纤弱缠绕。

聚伞花序，花紫色。

蓇葖长披针形，种子具种毛。

第七章　其他类野菜

## 芍药

### 养血敛阴，泻火止痛

中医认为芍药主治月经不调、痰滞腹痛、关节肿痛、胸痛、肋痛等症。中药的赤芍为草芍药的根，有散淤活血、养血敛阴、平抑肝阳、止痛、泻肝火之效。多用于肝阴不足、肝阳上亢所致的头痛、眩晕、耳鸣或烦躁易怒等。

### 小档案

性味：味苦，性平。

习性：喜温耐寒，耐寒性较强。

繁殖方式：分株、播种、扦插、压条。

采食时间：夏秋。

食用部位：根。

### 饮食宜忌

一般人群皆可食用，胃寒脾虚者慎服，孕妇忌服。

### 食用方法

芍药的根经炮制后叫作白芍，可以在药膳中使用。

### 分布情况一览

全国各地均有分布。

下部的二回三出羽状复叶，小叶有椭圆形、狭卵形、被针形等。

花一般独开在茎的顶端或近顶端叶腋处，原种花白色。

茎基部圆柱形，上端多棱角，向阳部分多呈紫红晕。

## 鸦葱

### 清热解毒，活血消肿

中医认为，鸦葱味苦，性寒，入心经，具有清热解毒、活血消肿的功效。鸦葱根捣烂外用治疗疔疮痈疽、五劳七伤、毒蛇咬伤、蚊虫叮咬、乳腺炎。煎剂内服可治疗疮及妇女乳房肿胀。

### 小档案

性味：味苦，性寒。

习性：喜温和湿润环境，干旱条件下也有极强的生命力。

繁殖方式：种子。

采食时间：夏、秋季采收。

食用部位：嫩茎叶、花可食用，根茎入药。

### 饮食宜忌

一般人群皆可食用，孕妇慎服。

### 食用方法

采集夏季的嫩茎叶焯熟，凉拌或炒食。

### 分布情况一览

华北、华东各地。

舌状花黄色，干时淡紫红色。

茎单生或数个丛生，直立或外倾，根茎处常分枝形成地下直立或斜上升的根状茎。

基生叶多数，椭圆状披针形或长圆状披针形。

# 棕榈

## 收涩止血，润肠止淋

棕榈具有收涩止血、润肠止淋的功效。主治吐血、衄血、尿血、便血、崩漏下血。花、果、棕根及叶基棕板可加工入药，主治金疮、疥癣、带崩、便血、痢疾等多种疾病。用棕榈皮烧存性，研为末，水送服，可治泻痢。

### 小档案

性味：味苦涩，性平。
习性：喜温暖湿润气候，喜光。耐寒性极强，稍耐阴。
繁殖方式：种子。
采食时间：4月采花，12月采果。
食用部位：花苞晒干后可用来泡茶。

### 食用方法

未开花的花苞可作蔬菜食用，先用沸水浸烫后，用清水漂去异味，炒、煎、蒸、炸、腌、凉拌、做汤均可。

### 分布情况一览

秦岭、长江流域以南温暖湿润多雨地区。

常残存有老叶柄及其下部的叶鞘，叶簇竖干顶，形如扇，近圆形。

雌雄异株，圆锥状肉穗花序腋生，花小而黄色。

树干圆柱形，高达10米，干茎达24厘米。

# 栾树

## 疏风清热，止咳杀虫

中医认为栾树味苦辛，性平，具有疏风清热、止咳杀虫的功效，主治风热感冒、肺热咳嗽、蛔虫病等病症。早春的栾树叶嫩芽，经水泡加工后，是营养丰富的野菜食品。

### 小档案

性味：味苦辛，性平。
习性：喜光，稍耐半阴的植物，耐寒，不耐水淹，耐干旱瘠薄。
繁殖方式：播种、分株、扦插。
采食时间：夏、秋季节采收。
食用部位：花朵，根、叶可入药。

### 食用方法

花朵晒干，可泡茶饮，也可用沸水焯熟后凉拌或做汤。

### 分布情况一览

广东、广西、江西、湖南、浙江、湖北、四川、贵州、云南

顶生大型圆锥花序，花小金黄色。

树冠近圆球形，皮灰褐色，细纵裂，小枝稍有棱，无顶芽，皮孔明显。

奇数羽状复叶，有时部分小叶深裂。

第七章 其他类野菜

**图书在版编目（CIP）数据**

餐桌上的养生野菜速查全书 / 曹军，于雅婷主编；
健康养生堂编委会编著 . -- 南京：江苏凤凰科学技术出版社，
2015.6（2018.7 重印）
（含章·超图解系列）
ISBN 978-7-5537-3220-6

Ⅰ.①餐… Ⅱ.①曹… ②于… ③健… Ⅲ.①野生植
物 – 蔬菜 – 基本知识 Ⅳ.① S647

中国版本图书馆 CIP 数据核字 (2014) 第 107241 号

**餐桌上的养生野菜速查全书**

| | | |
|---|---|---|
| 主　　　编 | 曹　军　于雅婷 | |
| 编　　　著 | 健康养生堂编委会 | |
| 责 任 编 辑 | 张远文　葛　昀 | |
| 责 任 监 制 | 曹叶平　周雅婷 | |

| | |
|---|---|
| 出 版 发 行 | 江苏凤凰科学技术出版社 |
| 出版社地址 | 南京市湖南路 1 号 A 楼，邮编：210009 |
| 出版社网址 | http://www.pspress.cn |
| 印　　　刷 | 北京富达印务有限公司 |

| | |
|---|---|
| 开　　　本 | 718mm×1000mm　1/16 |
| 印　　　张 | 16 |
| 版　　　次 | 2015年6月第1版 |
| 印　　　次 | 2018年7月第2次印刷 |

| | |
|---|---|
| 标 准 书 号 | ISBN 978-7-5537-3220-6 |
| 定　　　价 | 42.00元 |

图书如有印装质量问题，可随时向我社出版科调换。